MARA STIX & NORBERT HOFER

Selfmade-Millionärin

Dein Weg zu einem unwiderstehlichen Leben

1. Auflage September 2017

www.MaraStix.com

Herausgeber Manomind Inc.

Produktion Agentur Ausdruck macht Eindruck

Projektkoordination / Textbearbeitung Annette Hildebrand
info@AusdruckmachtEindruck.com

Transkription Katrin Beutel

Lektorat und Korrektorat Isabella Antonia Kortz
mail@isabella-kortz.de

Layout und Satz Sania Haschemi
info@sania-haschemi.de

Support Markus Mitterer

Umschlaggestaltung Angela Engelmann
www.einblick-grafikbuero.de

Umschlagfoto © Ilona Antina Photography

Druck und Bindung A8 Medienservice GmbH
www.berliner-buchdruck.de

ISBN 978-3-981-89500-1

Danke

An manchen Tagen überkommt mich ein unglaublich tiefes Gefühl der Dankbarkeit und ich kann es kaum glauben, wie glücklich ich bin und wie schön mein Leben ist.

Heute ist so ein Tag.

Ganz großes Danke an alle meine Mentoren, Lehrer und Coaches, die mir geholfen haben, da hinzukommen.

Und vielen, vielen Dank an meine Familie! Besonders an meine Eltern, ohne deren Unterstützung es für mich heute nicht möglich wäre, meinen Traum zu leben.

Last but not least vielen Dank an Norbert, meinen Business-Partner, besten Freund und Ehemann.

Lieber Norbert, wir haben schon so vieles zusammen erlebt und aufgebaut. Gemeinsam sind wir ausgewandert, waren zusammen auf Reisen und haben das genialste Business der Welt aufgebaut.

Danke!

Love you.

Mara

Inhaltsverzeichnis

Vorwort

Träumst du davon,

… die Welt zu einem besseren Ort zu machen?
… ein geniales Einkommen zu generieren?
… und dazu noch einen tollen Lifestyle zu leben?

Dann ist dieses Buch genau das Richtige für dich. Auch Mara stand einmal an einem ähnlichen Punkt in ihrem Leben: Sie wollte ihre vollen PS auf die Straße bringen, durch die Welt reisen, mit ihrem Know-how vielen Menschen helfen und war nicht zufrieden mit ihrer beruflichen Situation.

Damals hat sie sich auf den Weg gemacht und in einer atemberaubenden Geschwindigkeit veränderte sich ihr Leben, wie sie es sich nicht hätte träumen lassen.

Heute ist Mara Selfmade-Millionärin[1] und führt ihr eigenes, internationales Unternehmen *Manomind*. Gemeinsam mit ihrem Ehemann und Business-Partner Norbert unterstützt sie Frauen auf dem Weg zu ihrem eigenen unwiderstehlichen Leben.

Dieses Buch ist für dich! Es wird dir zeigen:

Du bist ein Experte.

Du hast bereits alles in dir, was du brauchst, um heute ein erfolgreiches Business zu starten und vielen Menschen mit deinem Wissen zu helfen. Lass dich mitreißen von Maras und Norberts Begeisterung, reise mit ihnen durch alle Höhen und Tiefen des Unternehmertums und entdecke vor allem eines:

Deine Geschichte ist einzigartig.

Dein Lebensweg ist eine Inspiration für andere. Finde heraus, was *deine Superpower* ist und lerne, damit anderen zu dienen.

Werde zum Star in deinem Leben und deinem Business! Und …

… mach damit die Welt zu einem besseren Ort.

---

[1] Mit MillionärIn meinen wir in diesem Buch jemanden, der mindestens eine Million oder mehr Jahresumsatz in seinem Business macht.

Fang an, bevor du bereit bist (Norbert)

Als meine Frau Mara und ich im Jahr 2017 begannen, dieses Buch zu schreiben, konnte ich mir zum ersten Mal seit Jahren wieder die Zeit nehmen, innezuhalten und unsere Geschichte Revue passieren zu lassen. Ich habe nicht schlecht gestaunt. Das alles ist in nur 3 Jahren passiert?!

Heute führen wir ein Online-Business mit 7-stelligen Jahresumsätzen und arbeiten mit einem 10-köpfigen Team von genialen Experten aus aller Welt zusammen. Doch am Anfang hatten wir nur ein paar gute Ideen. Wie du daraus ein erfolgreiches Business baust, das wollen wir dir in diesem Buch Kapitel für Kapitel erzählen.

Bis 2013 war ich noch IT-Administrator bei Microsoft. Doch schon seit zwei Jahren war ich unzufrieden mit der Situation und dachte: „Ich muss einfach noch etwas anderes machen!" Ich wollte nicht mehr angestellt sein, nicht mehr jeden Tag dasselbe machen, sondern mein Know-how dafür nutzen, mir etwas Eigenes aufzubauen, damit richtig gut Geld verdienen und mein volles Potenzial leben. Wie das gehen sollte, wusste ich allerdings damals noch nicht.

Und dann passierte etwas. Es war eigentlich nur eine Lappalie: Mein Android-Handy ging kaputt. Also habe ich mir selber einen Stecker gelötet und konnte das Handy damit wieder mit einer neuen Software bespielen. Solche Dinge habe ich schon immer gerne gemacht.

Aus reiner Neugier habe ich dann mal so einen Stecker bei Ebay angeboten. Der Stecker war schneller verkauft, als ich gucken konnte und es gab eine riesige Nachfrage. Das war ein echter Aha-Moment für mich.

Ich merkte: Es gab ein Problem und ich war nicht der Einzige, der dieses Problem hatte. Also konnte ich meine Lösung für das Problem auch an andere verkaufen. So habe ich weiter Stecker gelötet und online verkauft. Um von Kunden auch ohne Ebay gefunden zu werden, kam mir der Gedanke: „Ich brauche eine Webseite". Noch hatte ich kaum Ahnung von Online-Marketing oder davon, wie man Webseiten erstellt. Aber ich hatte einfach sehr viel Spaß an der Sache, besuchte ein paar Kurse, lernte WordPress und brachte mir den Rest selber bei. WordPress ist eine Software, mit der man sehr einfach Webseiten erstellen kann, ohne programmieren zu können. So habe ich mir meine erste Webseite aufgebaut und die nächsten zwei Jahre darüber 15.000 Stecker verkauft.

Damals ist meine Neugier für Online-Marketing wach geworden.

Online-Marketing heißt für mich: Es gibt Menschen, die ein Problem haben, ich kann ihnen eine Lösung anbieten und wir finden uns über einen Knopfdruck. Ist das nicht genial?

Jetzt hatte ich schon einiges an Know-how durch die Stecker gesammelt und überlegte, was mein nächstes Online-Produkt sein könnte. Immer mehr Leute begannen, mich nach meiner Webseite zu fragen: Wie hast du die aufgebaut? Wie geht das? Kannst du mir auch eine bauen? Das Naheliegendste war also, mein Wissen zum Thema Webseiten weiterzugeben, denn hier gab es offensichtlich eine große Nachfrage. Also habe ich dazu einfach mal ein paar Videos erstellt, von denen die Zuschauer sehr angetan waren.

KEEP IT SIMPLE

Mein Motto ist generell: *Keep it simple*. Mit WordPress musst du dir die Elemente nur zusammenklicken und nichts programmieren. Wieder habe ich überlegt, in welcher Form ich dieses Wissen als Produkt anbieten könnte. Und dann kam mir die Idee: ein E-Book! Ein Buch zu schreiben, fand ich immer schon eine spannende Idee. Aber es sollte kein 500-Seiten-Roman werden, sondern ein kleines E-Book mit richtig guten Infos.

Ich habe meine besten Tipps zusammengeschrieben, wie man in 30 Minuten eine professionelle Webseite erstellt. Aber es musste schnell gehen, denn ich hatte damals noch einen Job von Montag bis Freitag zu stemmen und zwei Kinder zu versorgen – und keine Zeit, mich zu verzetteln oder Umwege zu nehmen.

Da ich wusste, dass ich mich für mein Vorhaben richtig konzentrieren musste, mietete ich mich über das Wochenende in einem Hotel ein. Dort verfasste ich dann von Freitag bis Montag mein erstes E-Book. War es perfekt? Sicher nicht. Aber es war fertig, ich hatte mein Bestes gegeben und es an nur einem einzigen Wochenende geschrieben!

Unser Denken ist ja voller Glaubensätze und Überzeugungen. Wir denken zum Beispiel: „Das geht doch gar nicht“ oder „Ein Buch zu schreiben dauert lange und ist total anstrengend“. Aber komischerweise war es doch möglich. Und diese Erfahrung sollte ich in den nächsten Jahren noch öfter machen.

Klar war es viel Arbeit, das Buch zu schreiben. Aber es hat auch unglaublich viel Spaß gemacht, weil es ein Thema war, das mich wirklich interessiert hat. Nach dem Wochenende habe ich das Buch noch etwas verbessert, bei Amazon Kindle eingestellt, promotet – und es wurde in seiner Kategorie ein Bestseller!

Mit diesem E-Book habe ich verstanden, dass JETZT immer der beste Moment ist, anzufangen. Überleg nicht lange, sondern geh mit deinen Produkten auf den Markt und schau, ob sie funktionieren. So habe ich das immer gemacht, denn dann bekommst du wertvolles Feedback von Kunden und kannst dieses wieder in die Optimierung deines Produkts stecken.

Auch vom Cashflow her würde ich das immer empfehlen: Mach erst eine kleine Investition und geh mit deinem Produkt raus. Dann nimmst du Geld ein, das du wieder in die Verbesserung deines Produkts stecken kannst.

DIE VISION IST DEIN LEUCHTSTERN IM BUSINESS

Ganz am Anfang steht die Vision. Wenn du keine Vision hast, dann lässt du dich sehr leicht ablenken und verlierst dein Ziel aus den Augen. Deine Vision zeigt dir, wo du hinwillst. Sie ist das, was dich begeistert und dir auf dem Weg zu deinen Zielen Energie gibt.

Wenn du also noch keine Vision hast, dann ist es höchste Zeit, sie herauszufinden und aufzuschreiben. Schnapp dir Papier, Stift und fang an. Ich arbeite zum Beispiel viel mit Mindmaps, in denen ich meine Ideen sammle und strukturiere. So sehe ich klar: Da will ich hin.

Deine Vision zu beschreiben, bringt dir Klarheit. Und ohne Vision kannst du nicht wachsen. Du wirst mal hier und mal da etwas machen, so wie die Dinge eben gerade kommen. Das ist ganz nett. Aber Gas geben wie eine Rakete kannst du nur, wenn du dein Ziel kennst und vor dem Start die Koordinaten eingegeben hast.

Speed of implementation – Wenn du eine Idee hast, dann setz sie gleich um.

In einem Seminar habe ich zum ersten Mal von *Speed of implementation* gehört. Dabei geht es darum, Produkte so schnell wie möglich auf den Markt zu bringen. Die erfolgreichsten Leute, die ich kenne, setzen ihre Vorhaben auf diese Weise sehr schnell um.

Sicher kennst du das auch: du hast eine geniale Idee, machst aber nichts damit. Und dann, ein paar Wochen später, siehst du, wie jemand genau deine Idee auf den Markt gebracht hat. Du denkst dir: „Verdammt, die Idee hatte ich auch, aber der hat's umgesetzt.“ Und dann ärgerst du dich vermutlich. Gute Ideen sind Gold wert. Aber allein eine Idee zu haben, reicht noch nicht – du musst sie auch umsetzen.

Zu dem Thema gibt es eine Anekdote von den Musikern Prince und Michael Jackson. Michael Jackson hat einmal mitten in der Nacht seinen Manager angerufen und war total aufgeregt: „Ich hab die Idee für einen Song. Das ist DIE Idee!“ Der Manager war noch ganz verschlafen und gähnte: „Und dafür rufst du mich um drei Uhr nachts an?“ Aber Michael meinte nur: „Ja!!! Wir müssen das JETZT machen!“ Und der Manager fragte: „Warum müssen wir das denn genau jetzt machen?“ Und Michael sagte: „Weil Prince gerade genau dieselbe Idee hat!“ Michael Jackson, der in seinem Leben viele Hits landete, wusste sehr gut, wie wichtig es ist, als Erster mit etwas auf dem Markt zu sein. Wenn du der Erste mit etwas bist, dann hast du dadurch Rückenwind. Das nennt man Timing. Im Laufe der Geschichte hatten viele Menschen parallel die gleiche Idee. Doch derjenige, der sich die Zeit nahm und sie am schnellsten umsetzte, der hat die Früchte dafür geerntet und damit Geld verdient.

Auf die Strategie des *Speed of implementation* haben Mara und ich unser gesamtes Online-Business aufgebaut. Wir haben stets zuerst die einfachste Version auf den Markt gebracht. Mit dem Feedback der Kunden siehst du schon, ob es funktioniert oder ob es nicht funktioniert. Dann kannst du daran feilen und eine zweite Version herausbringen, und so werden die Produkte immer besser und wertvoller.

JEDER MEISTER HAT MIT FEHLERN ANGEFANGEN

Das *Silicon Valley* in Kalifornien gilt als die Wiege der größten US-amerikanischen IT- und Software-Unternehmen. Und alles begann, als David Packard und William Hewlett in den 1940er Jahren ihr erstes Unternehmen mit einem Startkapital von 539 Dollar gründeten.

Aus dem Silicon Valley stammt der Spruch *Fail fast, fail often*. Übersetzt heißt das so viel, wie: „Mach möglichst schnell viele Fehler". Denn nur durch die Fehler kannst du dich und dein Unternehmen verbessern. Die Angst, Fehler zu machen, ist eine der größten Spaß-, Geld- und Erfolgsbremsen überhaupt. Doch die erfolgreichsten Unternehmer machen so schnell wie möglich viele Fehler. Je früher desto besser. Denn ein Fehler, der dich am Anfang vielleicht nur 100 Euro kostet, kostet dich später, wenn dein Business gewachsen ist, leicht das 10- oder 100-fache.

Jeder Meister musste tausende von Fehlern machen, um sein Wissen und Können zu entwickeln. Microsoft hat das zum Beispiel immer so gemacht: Erst kam eine simple Version von einem Programm auf den Markt. Die war alles andere als perfekt. Doch diese Version wurde verkauft wie verrückt und die Einnahmen wieder in die Optimierung investiert. Und genauso würde ich das jedem Unternehmer empfehlen.

Ich bin in den letzten Jahren viel herumgereist und habe Seminare besucht. Einmal war ich in einem Seminar in London bei dem Erfolgstrainer Tony Robbins. Auch dort ging es um die *Speed of Implementation*. In dem Seminar habe ich erfolgreiche Unternehmer gesehen, deren Webseiten waren zum Teil wirklich grottenschlecht. Aber sie haben verkauft wie verrückt. Warum? Weil sie ihre Ideen immer gleich umgesetzt haben, ohne zu warten, bis sie perfekt sind. Denn perfekt sind Dinge eigentlich nie und selbst die genialsten Produkte haben mal als erste Version begonnen.

Deine Kunden wollen eine schnelle Problemlösung und/oder gute Unterhaltung – keinen Perfektionismus.

Das ist das oberste Gebot, das ich im Online-Marketing gelernt habe: Nicht grübeln, machen! Gerade in den Social Media siehst du das ganz klar: Die wackeligsten Videos funktionieren und bekommen Millionen Klicks. Warum?

Weil Menschen zwei Dinge im Internet suchen: **gute Unterhaltung oder eine Problemlösung**. Wenn du eines der beiden Dinge oder sogar beides zusammen anbietest, dann interessiert es niemanden, ob du mit deinem iPhone in deinem Wohnzimmer sitzt oder mit tollem Equipment in einem professionellen Studio. Das ist genial, weil so wirklich jeder, der eine gute Idee hat, mit sehr wenig Aufwand und Kosten sehr viele Menschen erreichen kann. Perfektionismus bringt dabei überhaupt nichts. Fokussier dich nur darauf, wie du deinen Kunden möglichst schnell und gut weiterhelfen kannst.

Man ist eigentlich nie bereit – es gibt immer eine Ausrede.

Wenn du wartest, bist du bereit bist, dann kann das zehn, zwanzig, fünfzig Jahre dauern. Vielleicht wirst du auch nie das Gefühl haben: „Jetzt bin ich bereit“. Du wirst nur deine Zeit verlieren. Und dafür ist das Leben doch einfach zu kurz und zu genial.

Man kann ja wirklich jahrelang an etwas feilen. Aber wovon lebst du in der Zwischenzeit? Und was, wenn die Leute deine Hilfe jetzt brauchen und nicht in zwanzig Jahren? Ich habe schon Unternehmer gecoacht, die sagten: „Ich muss jetzt erst mal meine Webseite aufbauen“ und dann waren sie ein halbes Jahr von der Bildfläche verschwunden. Andere geben Unmengen an Geld für ein erstes Logo aus. Meiner Erfahrung nach brauchst du weder eine perfekte Webseite noch ein Logo, um zu starten.

WERDE EFFEKTIVER MIT DEM PARETO-PRINZIP

Genau hier kannst du das Pareto-Prinzip wunderbar anwenden. Es besagt, dass du mit 20 % des Gesamtaufwandes 80 % der Ergebnisse erreichst. Die restlichen 20 % der Ergebnisse brauchen 80 % deiner Energie und sind also eine ziemliche Zeitverschwendung.

Frag dich mal: Was ist der minimale Aufwand, den ich betreiben muss, um mein Produkt zu verkaufen? Du wirst sehen, dass ganz viel Schnickschnack und Ablenkungen einfach wegfallen. Wir leben in einer Zeit, in der die Dinge sich in einer unglaublichen Geschwindigkeit entwickeln. Heute kannst du etwas in 3 Monaten schaffen, wofür du früher 3 Jahre gebraucht hättest. Für mich ist es ein goldenes Zeitalter: Wir können dank Technik und Internet mit einem Knopfdruck Tausende von Menschen erreichen. Das ist kein Vergleich mehr zu dem, wie noch vor zehn, fünfzehn Jahren Business gemacht wurde.

KONTROLLE IST GUT – VERTRAUEN IST BESSER

Ich weiß, der Spruch geht eigentlich anders. Aber meine Erfahrung hat mir gezeigt, dass es weniger um Kontrolle geht, sondern vielmehr um Vertrauen. Schon immer hatte ich dieses Urvertrauen in das Leben. Ich weiß einfach: „Am Ende wird alles gut“. Und wenn es noch nicht gut ist, dann ist es eben noch nicht das Ende.

Das ist ein bisschen wie beim Surfen. Du kannst nicht auf dem Brett stehen und denken: „Auweia, wenn das jetzt schiefgeht“. Du musst einfach vertrauen, dass die Welle dich trägt und du auf dem Board bleibst. Und wenn du runterfällst – na, und? Dann stellst du dich eben wieder drauf. Du musst vermutlich hundertmal vom Brett fallen, bevor du deine erste Welle surfst. Also darfst du auch im Business einfach immer wieder vom Brett fallen und noch mal raufklettern. Runterfallen ist nicht so schlimm. Und wenn du dann mit einiger Übung eine richtig gute Welle erwischt, dann vertrau darauf, dass sie dich trägt. So wirst du mit der Zeit immer besser und nimmst immer größere Wellen.

Triff Entscheidungen oder andere entscheiden für dich.

Das ganze Leben besteht aus Entscheidungen, großen und kleinen. Doch wenn du dich nicht entscheidest, dann wirst du entschieden. Irgendjemand trifft dann die Entscheidung für dich und du musst sie eben akzeptieren. Das ist so, als würdest du dein Leben dem Zufall überlassen: Es kann dich überall hinführen, nur sicher nicht genau dahin, wo du hinwillst.

Früher brauchte ich deutlich länger, um Entscheidungen zu treffen. Tagelang habe ich herumgegrübelt und am Ende das gemacht, was mir mein Bauchgefühl gleich am Anfang gesagt hatte. Eigentlich wusste ich ganz genau, was ich wollte, aber ich habe mich lieber eine Zeit lang damit herumgequält. Doch irgendwann merkte ich, dass ich damit meine größte Power an andere abgebe.

Dabei ist es gar nicht so wichtig, welche Entscheidung du triffst. Es ist nur wichtig, dass du eine Entscheidung triffst – und zwar möglichst schnell. Denn wenn du das nicht tust, verpasst du Chancen oder eine geniale Welle, um das Bild vom Surfen noch mal aufzugreifen.

Also das Erste ist: Entscheide dich und tu es möglichst schnell. Und das Zweite ist: Es gibt keinen Grund, eine Entscheidung zu bereuen. Im Leben ist alles modifizierbar. Du kannst beim nächsten Mal eine andere Entscheidung treffen. Aber Bereuen bringt gar nichts. Es ist wieder nur verschwendete Zeit, zieht dich runter und du verlierst dein Ziel aus den Augen. Um mich schneller zu entscheiden, frage ich mich immer: Was bringt mich meinem Ziel näher?

Mein größtes Ziel ist meine Vision. Es ist das Leben, das ich leben will. Und auf dem Weg dahin gibt es viele Etappenziele. Wenn ich heute eine Entscheidung treffe, von der ich überzeugt bin, dann ist die wie in Stein gemeißelt. Ich verfolge mein Ziel so lange, bis ich es erreicht habe. Und dann kommt das nächste.

DU BEKOMMST DAS, WORAUF DU DICH FOKUSSIERST

Eigentlich ist es ganz einfach: Wenn du dich auf etwas fokussierst, dann fließt deine Aufmerksamkeit in diese Richtung. Viele Leute würden ja gerne mehr Geld verdienen. Sie sagen: „Ich würde gerne mehr verdienen". Aber das ist kein klares Ziel. Wenn du dir ein konkretes Ziel setzt, wie zum Beispiel: „Ich will bis zum 1. Mai monatlich 10.000 Euro verdienen", dann wirst du plötzlich aufmerksamer sein gegenüber allen Chancen, bei denen Geld fließt.

Natürlich kannst du nicht Däumchen drehen, auf der Couch sitzen und sagen: „Ich will jetzt 10.000 Euro". Um 10.000 Euro zu verdienen, musst du dich bewegen und du brauchst ein passendes Produkt. Wenn du zum Beispiel Einzelcoaching gibst für 150 Euro die Stunde, dann müsstest du rund 67 Coachings im Monat geben. Das ist dann schon ziemlich anstrengend. Falls du mehr verdienen willst, ist das mit Einzelcoaching irgendwann nicht mehr möglich. Stattdessen kannst du zum Beispiel Online-Gruppencoachings geben. So hast du nur einmal den Aufwand, kannst aber beliebig viele Teilnehmer in deinen Kurs einladen.

Steck dir Ziele und lass sie nicht aus den Augen.

Die meisten Leute erreichen ihr Ziel nicht, weil sie es einfach aus den Augen verlieren. Damit dir das nicht passiert, kannst du zum Beispiel, wie ich, mit Mindmaps arbeiten. Andere arbeiten gerne mit Visionboards oder verschiedenen Ziele-Listen. Am besten findest du selbst heraus, was für dich gut funktioniert.

Hauptsache du behältst deine Ziele im Blick und zwar täglich. Pinn sie dir irgendwohin, wo du sie gut sehen kannst: am Spiegel im Bad zum Beispiel. Und dann guckst du da jeden Tag drauf. Deine Ziele geben dir die Richtung vor. Und sobald du die Entscheidung getroffen hast, dass du sie wirklich erreichen willst, bekommst du auch Rückenwind. Du kannst unglaublich Speed entwickeln und den brauchst du, um deine Ideen möglichst schnell umzusetzen.

Also: Fang an, bevor du bereit bist. Und zwar am besten jetzt gleich!

Und im nächsten Kapitel erzählt dir Mara ihre erstaunliche Geschichte.

Viel Spaß dabei!

Mein Weg zu einem unwiderstehlichen Leben (Mara)

Als ich aus dem wunderschönen 5-Sterne-Hotel in Frankreich ausgecheckt hatte, meinte die Dame an der Rezeption zu mir: „Oje, und nun geht es wieder zurück an die Arbeit?“ Ein paar Stunden später stieg ich dann in Mallorca aus dem Flieger und die Crew wünschte mir: „Einen schönen Urlaub!“

Das passiert mir ständig. Für mich gibt es kein: „Wieder zurück zur Arbeit und zum Ernst des Lebens“ mehr. Von Mallorca fliege ich weiter nach L.A., Kuala Lumpur und Honululu. Denn mein Job ist es, an den schönsten Orten der Welt Seminare und Retreats zu geben.

Ich habe mir ein Leben kreiert, in dem ich nie Urlaub brauche, weil mein Job wie Urlaub ist. Mit meinen Seminarteilnehmern trinke ich Champagner in den aufregendsten Bars dieser Erde, fahre auf Yachten und genieße den Blick auf spektakuläre Strände.

Das alles ist möglich geworden, weil ich mein ideales Geschäftsmodell gefunden habe: Coaching und Consulting. Das bedeutet, du nutzt deine Fähigkeiten und Talente, um Menschen zu helfen, wichtige Probleme in ihrem Leben oder Business zu lösen.

Du kannst deinen Klienten dein Know-how in verschiedener Form anbieten. Norbert und ich machen das heute in Form von Webinaren, Online-Consulting und Coaching-Retreats.

Ich weiß, ich weiß, viele werden jetzt aufschreien: „Nein, Mara!! Das ist ja ganz schrecklich! Wo ist das Büro, das Regenwetter, die 12 Stunden ackern und das heimliche Moorhuhn spielen, um den Tag zu überstehen?“

Das kenne ich noch ganz gut von früher. Es ist noch gar nicht so lange her, dass ich mich selber Tag für Tag im Schneetreiben durch den Berufsverkehr gekämpft und von morgens bis abends im Büro gerackert habe. Rund 10 Jahre lang war ich in Österreich als Unternehmensberaterin tätig. Ich habe etwa 100.000 Euro im Jahr verdient und mir ging es eigentlich sehr gut. Aber irgendwann habe ich gemerkt: Was mir wirklich wichtig ist, werde ich in einer Festanstellung nicht finden. Meine großen Ziele waren immer: frei und finanziell unabhängig sein, reisen, spannende Menschen kennenlernen, Seminare besuchen und mich weiterentwickeln.

DIE KLASSISCHE KARRIERE IN EINER FESTANSTELLUNG SIEHT MEIST SO AUS:

1. *Sich mit dem Chef gut stellen und mit ihm golfen gehen.*
2. *Immer im Büro rumhängen – mindestens aber 12 Stunden. Auch wenn man die meiste Zeit davon Moorhühner jagt.*
3. *Sich irgendwie wichtigmachen mit schlauen Kommentaren und Ellenbogen-Taktik.*
4. *Viel jammern und gestresst aussehen, damit alle wissen, wie viel man leistet.*

Ich wusste, dass das nicht mein Weg war. Also habe ich mich auf die Suche gemacht und fand für mich das ideale Rezept.

REZEPT FÜR EIN UNWIDERSTEHLICHES LEBEN

1) GENIALES EINKOMMEN
2) TOLLER LIFESTYLE
3) GROSSE WIRKUNG

Wenn du diese drei Dinge in deinem Leben vereinst, dann schaffst du den Sprung vom Moorhuhn-Jäger zum Leben deiner Träume. Also gucken wir uns die Punkte einmal genauer an:

1. Geniales Einkommen.
Ein geniales Einkommen kannst du nicht generieren, wenn du deine Zeit 1:1 gegen Geld eintauscht. Der Tag hat nur 24 Stunden. Irgendwann kommst du an ein Limit und kannst einfach nicht mehr verdienen, so wie ich da-

mals in meinem Job als Unternehmensberaterin. Wenn du aufhören willst, deine Zeit gegen Geld einzutauschen, dann musst du Unternehmerin sein und brauchst Produkte und Services, die skalierbar sind. Skalierbar heißt, dass du etwas einmal entwickelst und dann unbegrenzt oft verkaufen kannst – so wie zum Beispiel ein E-Book, einen Online-Kurs oder Coaching und Consulting in Gruppen und zu vernünftigen Preisen.

2. Toller Lifestyle.
Für mich bedeutet das, überall auf der Welt arbeiten zu können. Und zwar an schönen Orten mit viel Sonne, wo ich garantiert nicht mehr im Schneetreiben feststecke. Und maximal 4 bis 5 Stunden pro Tag, sodass ich Zeit und Geld habe für alles, was mir Spaß macht und mir neue Energie bringt.

3. Große Wirkung.
Ich möchte Sinn stiften im großen Stil und das Leben vieler Menschen verbessern. Es macht einfach einen riesigen Unterschied, ob du eine Arbeit nur machst, um damit Geld zu verdienen oder ob dich deine Aufgabe durch und durch erfüllt. Mir geht es darum, die Welt mit meiner Arbeit im Positiven zu verändern. Dazu gehört es auch, alle meine Fähigkeiten und Talente voll auszuleben. Das ist einfach erfüllend für einen selber und für andere sehr inspirierend.

Vielleicht denkst du dir ja jetzt: „Das wäre cool, mir auch so etwas aufzubauen. Aber wie?" Dann erzähle ich dir hier gerne, wie ich das gemacht habe.

MEINE GESCHICHTE: VOM ANGESTELLTENFRUST ZUM UNWIDERSTEHLICHEN LEBEN

Um unwiderstehlich zu leben brauchst du ein Geschäftsmodell, in dem du mit wenigen Stunden Arbeit sehr viel Wert kreieren kannst und nicht 60 bis 70 Stunden die Woche rackern musst. Das hatte ich damals als Angestellte noch nicht. Also habe ich mich auf die Suche gemacht. 2012 war ich längst nicht mehr glücklich mit meiner Arbeit als Unternehmensberaterin. Meine Vision war es, in meinem Leben alles, was ich liebe, zu verbinden: Reisen, Seminare besuchen und mich mit spannenden Menschen austauschen.

Das Problem als Angestellte war für mich:
Wenn ich arbeite, dann habe ich zwar Geld, aber keine Zeit zum Reisen.
Und wenn ich nicht arbeite, dann habe ich Zeit zum Reisen, aber kein Geld.

Jede freie Minute war ich nur noch unterwegs in anderen Ländern, aber ich bekam ja nur 25 Tage Urlaub im Jahr. Das hat mir bald nicht mehr gereicht. Mein Wunsch nach Freiheit wurde noch stärker. Immer wieder stand ich an einem wunderschönen Ort, schaute auf das Meer und dachte: „Es ist so schön hier. Ich will nicht mehr weg. Warum gehe ich eigentlich zurück zu einem Job, der mir gar keinen Spaß mehr macht?“

Viele spirituelle Menschen sagen ja, dass 2012 etwas Neues begann und es zu einem Bewusstseinswandel kam. Bei mir war das auf jeden Fall so. Es kam mir vor, als sei mir alles zu klein geworden. So als würde ich in einem engen Goldfischglas herumschwimmen – dabei wollte ich doch ins weite Meer hinaus!

Also habe ich gekündigt und begann eine Coaching-Ausbildung in Deutschland. Damals habe ich Seminare an den schönsten Orten der Welt besucht. Ich kam nach Ibiza und nach Hawaii. Das war traumhaft.

Während der Coaching-Ausbildung habe ich mich dann gefragt: Wie baue ich mir ein Business auf, das mich erfüllt? Wie kann das funktionieren? Was ist das richtige Geschäftsmodell für mich? Ziemlich schnell wurde mir klar, dass ich mich als Coach selbstständig machen und damit Geld verdienen wollte. Und ich dachte: „Das wird einfach!“ Aber damals hatte ich noch kaum Ahnung von Online-Marketing und Akquise. Ich fand einfach keine Klienten und nach einem halben Jahr Selbstständigkeit waren meine ganzen Ersparnisse aufgebraucht.

Dann erkannte ich: „Das geht so nicht weiter. Ich muss das langsamer angehen lassen. Schritt für Schritt.“ Vor allen Dingen wollte ich aus diesen permanenten Ängsten raus, woher das nächste Geld kommen soll.

Also habe ich Mitte 2012 wieder einen Job als Unternehmensberaterin in Teilzeit angenommen. Dort bin ich geblieben bis Ende 2013. Als Übergang war das eine gute Lösung. Der Teilzeitjob war sehr gut honoriert, ich konnte meine Miete bezahlen und auf Reisen gehen. In diesen eineinhalb Jahren entwickelte ich mich sehr stark weiter. Ich lernte unglaublich viel im Bereich Coaching, Persönlichkeitsentwicklung und Spiritualität.

Doch irgendwann fühlte ich mich nur noch zerrissen. Mein Teilzeitjob zog mich in eine Richtung und die Persönlichkeitsentwicklung und das Coaching in eine völlig andere. Mein damaliger Chef sagte mir Ende 2013: „Ich sehe, dass der Job Ihnen keinen Spaß mehr macht. Machen Sie sich doch selbstständig.“ Wow! Jetzt sagte mir sogar mein eigener Chef schon, was ich mir selbst heimlich dachte.

Eine einzige Bewerbung schrieb ich dann trotzdem noch mal. Ich bekam sogar die Zusage. Doch nach zwei Stunden hatte ich entschieden: „Ich mache mich jetzt wirklich selbstständig“ und habe abgesagt. Denn der Job hätte mir nur die Energie genommen, die ich brauchte, um mit voller Kraft mein Business aufzubauen. Meine Entscheidung stand fest. Und diesmal hatte ich den nötigen Mut, um mein Business zu starten.

Nachdem ich die Entscheidung getroffen hatte, passierte etwas ziemlich Verrücktes: Nur zwei Stunden später bekam ich einen Anruf. Es war eine Firma, mit der ich vor Monaten schon einmal zusammengearbeitet hatte. Sie buchten mich noch am selben Tag als Trainerin!

ENTSCHEIDUNGEN ZU TREFFEN, BRINGT DIR POWER

Manchmal geht es wirklich schneller als du schauen kannst. Ich hatte die Entscheidung getroffen und zwei Stunden später wurde ich zum ersten Mal gebucht. Aus heutiger Sicht war das ein Miniauftrag. Es ging um 2.000 oder 2.500 Euro. Aber für meine damaligen Verhältnisse war das viel. Es war mein erster Umsatz in meinem neuen Business und für mich ein eindeutiges Zeichen: Ich war auf dem richtigen Weg!

Aber wieder kam alles anders, als ich es mir vorgestellt hatte. Von wegen Urlaub und Reisen. Ich habe fast rund um die Uhr gerackert – viel mehr als je zuvor! Es heißt ja, als Selbstständiger arbeitest du selbst und ständig. Dabei hatte ich mich doch selbstständig gemacht, um mehr Freizeit zu haben, nicht weniger. Als Angestellte bekam ich ungefähr 65 Tage Urlaub im Jahr, da ich mit meinem Teilzeitvertrag nur 3 bis 4 Tage die Woche arbeitete. Davon konnte ich jetzt nur träumen.

In schlechten Monaten machte ich 2.000 Euro Umsatz und in guten Monaten waren es vielleicht 6.000 Euro. Nach Abzug der Steuern und Kosten war das deutlich weniger, als das, was ich früher als Angestellte verdient hatte.

Ich hatte das Gefühl: „Okay, das war ein totaler Schritt zurück."

Und dann habe ich mir die Frage gestellt: „Wie kann es jetzt funktionieren?" Mir fehlten damals einfach komplett die Vorbilder. Alle Selbstständigen, die ich kannte, sagten: „Das ist so, wenn man selbstständig ist. Da hat man totales Risiko, da hat man riesigen Druck, da arbeitet man die ganze Zeit und da weiß man nie, wie man im nächsten Monat die Miete bezahlt."

Irgendwie war das für alle normal – nur für mich nicht. Ich dachte: „Es muss doch einen besseren Weg geben." Coaching hatte damals im deutschsprachigen Raum einen fürchterlichen Ruf. Wenn Du irgendwo gesagt hast: „Ich bin selbstständiger Coach", dann haben viele Leute die Augen verdreht und gesagt: „Na, das ist sicher so ein Hausfrauen-Ding. Damit verdienst du sicherlich kein Geld." Coaching wurde überhaupt nicht ernst genommen.

> *Mir wurde klar: Ich brauche ein Geschäftsmodell, mit dem ich wirklich unwiderstehlich leben kann.*

Im deutschsprachigen Raum habe ich das damals nicht gefunden. Also habe ich mich in Richtung der USA orientiert. Ich sah Coaches und Unternehmer, die mit Online-Marketing ein Millionen-Business vom Laptop aus betrieben. Sie arbeiteten am Strand und von jedem Ort dieser Welt. Da habe ich Feuer gefangen und dachte: „Das ist es! Das will ich machen!", obwohl ich damals noch gar keine Ahnung von Online-Marketing hatte.

Alles, was ich heute weiß, habe ich in den letzten dreieinhalb Jahren durch viel Ausprobieren gelernt. Dennoch war mir sofort klar: Online-Marketing ist mein Weg. Ziemlich rasant habe ich alles gelernt, was ich wissen musste und habe es direkt umgesetzt. Und dann war ich plötzlich ausgebucht! Allerdings habe ich damals noch 1:1-Coachings angeboten und hatte so viel zu tun, dass ich keine Zeit mehr fand, E-Mails von Leuten zu beantworten, die mit mir arbeiten wollten. Ich war also immer noch nicht aus der „Geld-gegen-Zeit-Falle" herausgekommen.

Und das war genau der Moment, in dem mein früher reiner Business-Partner und heutiger Ehemann Norbert sich ein Webinar von mir anschaute. Ein Webinar ist ja nichts anderes als ein Seminar, das du online gibst. Es läuft über eine Software ab. Alle Seminarteilnehmer sitzen zu Hause vor ihren Laptops, wählen sich über diese Software in das Webinar ein und können mich dann über den Bildschirm sehen und hören. Norbert schrieb mir nach dem Webinar: „Wow, das Webinar hat mir gefallen. Halt doch mal ein Webinar für meine Kontakte." Also haben wir gemeinsam ein Webinar gemacht. Das hat super funktioniert und die Leute waren begeistert.

DER DURCHBRUCH MIT MEINEM MANN NORBERT

Nach dem gemeinsamen Webinar meinte Norbert zu mir: „Warum nutzt du nicht dein Wissen für Gruppen-Coaching-Programme, anstatt 1:1 mit Klienten zu arbeiten?" Na klar, das war es! Aber wie sollte ich das technisch umsetzen? Norbert meinte nur: „Die Technik kann ich übernehmen. Wir entwickeln das zusammen."

Und so fing unser gemeinsames Business an. Im Dezember 2014 starteten wir unser erstes Coaching-Programm. Jeder von uns hatte damals noch andere Kooperationspartner und Projekte. Damit hörten wir dann irgendwann auf, weil wir merkten: Wir zwei sind einfach ein super Team! Wenn du wissen willst, wie auch du deinen Norbert findest, erfährst du das in Kapitel 10.

Seit März 2015 arbeiten wir exklusiv zusammen. Seither kam ein ganz neues Tempo in unser Business. Im September 2015 gründeten wir eine gemeinsame Firma. Auch da kam wieder eine Phase, in der wir nur noch geracker haben.

Damals war es an der Zeit, dass wir uns ein Team aufbauten. Seitdem arbeiten wir mit rund 10 Leuten, die überall auf der Welt leben. Und das war dann der Sprung zum Millionen-Business. Heute betreuen wir ungefähr 200 Klienten und machen 7-stellige Jahresumsätze.

DAS IDEALE GESCHÄFTSMODELL

All das ist wirklich unglaublich schnell passiert: Von Anfang 2014 bis Mitte 2017 – das sind knapp dreieinhalb Jahre. Und es wäre nie so möglich gewesen, wenn wir nicht unser ideales Geschäftsmodell gefunden hätten. Inzwischen haben wir ein Team von hervorragenden Coaches. Jeder von ihnen ist ein Experte auf seinem Gebiet. So bieten wir unseren Klienten heute einen exklusiven Support.

Manchmal sehe ich Unternehmer oder Coaches, die selber noch keine Kunden haben und Leuten helfen wollen, ein erfolgreiches Business aufzubauen. Das funktioniert aus meiner Sicht nicht. Erst einmal musst du selber schon Erfolg mit etwas haben, um andere darin zu coachen. Nachdem Norbert und ich unser 7-stelliges Business aufgebaut haben, wissen wir, dass wir auch unsere Klienten dabei unterstützen können, ein Millionen-Business aufzubauen. Denn einer unserer wichtigsten Werte ist es, Menschen nur in den Dingen zu coachen, die wir selber schon für uns gelöst haben.

Unser Ziel ist es, jeden Tag ein bisschen besser zu werden. Das Thema Online-Marketing wird jeden Tag komplexer und umfangreicher. Man muss sich in so vielen Bereichen wie Positionierung, Strategie und Technik auskennen. Und dazu haben wir das Know-how und die Intelligenz eines ganzen Teams.

Wir haben eine Expertin für Facebook, die sich nur mit dem Thema beschäftigt und ständig auf dem Laufenden ist. Und wir haben einen Verkaufstrainer, der seit 20 Jahren Verkaufsgespräche führt und eine unglaubliche Erfahrung hat. Das gesamte Know-how von Norbert, mir und diesem ganzen Team von Experten steht unseren Klienten zur Verfügung. Das ist wirklich eine geballte Ladung Business!

Dank eines ausgeklügelten Systems mit Gruppen-Anrufen und informativen Videos können wir das Ganze in einer hervorragenden Qualität anbieten. Und Norbert und ich haben endlich vernünftige Arbeitszeiten! Deshalb haben wir auch unsere Preise deutlich erhöht. Wir bieten nur noch Coaching-Programme an, die im 5-stelligen Bereich liegen. So können wir uns voll und ganz darauf konzentrieren, dass unsere Klienten Ergebnisse bekommen und ihre Ziele erreichen. Und unsere Klienten haben sehr große Ziele.

Einfach unwiderstehlich!
Wir arbeiten weniger denn je, verdienen mehr Geld und erzielen bessere Ergebnisse für unsere Klienten.

Heute lebe ich den Lifestyle, den ich liebe, verdiene super, arbeite von überall auf der Welt, stifte viel Wert für unsere Klienten und jeden Monat mache ich mindestens eine größere Reise. Klar, ab und zu trauere ich natürlich den 12-Stunden-Tagen und der Moorhuhn-Jagd nach, aber man kann ja nicht alles haben.

Wenn du auch ein bisschen neugierig geworden bist, wie das gehen kann, dann schau doch gleich in das nächste Kapitel. Denn da erfährst du, warum Ausdauer echt sexy ist.

Viel Spaß dabei!

Hm, ich bekomme gerade eine frische Kokosnuss serviert und blicke auf das Meer von Honolulu. Es ist wirklich genial, wie wir heute Business machen können. Aloha!

Mit Ausdauer zum Erfolg (Norbert)

Mara hat es ja schon gesagt: Ausdauer ist sexy!

So manch eine Leserin guckt jetzt vielleicht verdutzt: „Ausdauer – sexy??! Das ist doch langweilig, lass uns lieber jeden Tag etwas Neues anfangen … Hey! Guck mal, da drüben glitzert was … Das fang ich jetzt erst mal. Bis später!"

Viele Unternehmer spielen in ihrem Business jahrelang: „Hasch mich, ich bin was Neues!" und wundern sich, dass sie nie erreichen, was sie sich vornehmen. Für Erfolg brauchst du Ausdauer und ohne sie wäre ich heute nicht da, wo ich bin. Deshalb werde ich dir in diesem Kapitel mal ihre Schokoladenseiten zeigen.

Bei einer Klientin von uns wollte und wollte es einfach nicht klappen mit dem Geldverdienen. Sie hatte gute Verkaufsgespräche, aber am Ende hat sie den Verkauf nicht abgeschlossen. Wochenlang hat sie nichts als Absagen kassiert. Trotzdem kam sie jede Woche in unseren Coaching-Call. Und irgendwann hat es bei ihr „Klick" gemacht. Ich erinnere mich noch genau. Auf einmal hat sie angefangen zu verkaufen, was das Zeug hält. Als hätte man bei ihr die Handbremse gelöst.

Viele andere Leute hätten schon längst aufgegeben, aber sie hat einfach immer weitergemacht.

Etwas später erzählte sie uns eine beeindruckende Geschichte: Sie war für ein paar Wochen im Urlaub auf Hawaii. Eines Morgens sah sie ihren Kontostand und dachte: „Da muss jetzt wieder Geld fließen". Also sagte sie zu ihrem Mann: „Ich bin in drei Stunden wieder da". Sie setzte sich ans Telefon, hatte drei Verkaufsgespräche und machte 7.000 Euro Umsatz. Dann kam sie zurück auf die Terrasse, lächelte ihren Mann entspannt an und genoss wieder ihren Urlaub. Das klingt jetzt vielleicht wie ein verrückter Film, aber so kann es gehen.

AUSDAUER IST DAS A UND O FÜR DEINEN ERFOLG

Die meisten Menschen geben einfach zu schnell auf. Das Ding ist: Wir sehen die Dinge meistens aus der Perspektive einer Maus, die durch ein Labyrinth rennt. Wenn wir von oben auf das Labyrinth sehen könnten, dann wüssten wir: „Ach, nur noch einmal links abbiegen und ich habe es geschafft“. Aber die meisten geben kurz vor dem Ziel auf, kehren um und der ganze Weg war mehr oder weniger umsonst.

Die größten Hindernisse kommen kurz vor dem Ziel.

Es ist fast so, als wollte uns das Leben noch mal testen. So nach dem Motto „Willst du es wirklich?“ und „Ziehst du es durch?“. Lass dich von diesen Hindernissen nicht einschüchtern. Denn Hindernisse sind nur groß und erschreckend, wenn wir vor ihnen weglaufen. Wenn du das Hindernis nimmst, dann merkst du vermutlich, dass du viel mehr draufhast, als du dachtest.

So ist das, denke ich, immer mit den Sachen, die uns Angst machen. Wenn du davor wegläufst, wird die Angst nur größer. Doch wenn du durch diese Angst hindurchgehst, dann verpufft viel von ihrem Schrecken. Das ist wie mit den Schattenmonstern unterm Bett in der Nacht. Wenn du das Licht anknipst, sind sie (normalerweise) verschwunden.

HÖR AUF, DAS NÄCHSTE „SHINY OBJECT“ ZU JAGEN

Ich beobachte immer wieder, dass Unternehmer alle möglichen Projekte starten und sie irgendwann wieder fallen lassen. Und dann suchen sie das nächste *shiny object*.

Ein *shiny object* ist ein glänzendes, glitzerndes Ding, das wir jagen wie junge Hunde Schmetterlinge. Das Problem dabei ist leider: es bringt dich nirgendwohin. Du bist einfach nur getriggert, wieder etwas Neues anzufangen. Doch all die Energie, die du in dein vorheriges Projekt gesteckt hast, geht dabei verloren. Das ist wie ein verrückter Kreislauf, bei dem du immer wieder einen Berg hinaufgehst und bei der ersten Möglichkeit vom Weg abkommst und nach unten geführt wirst. Du gehst noch mal den Berg rauf, aber anstatt diesmal den Schildern zu folgen, lässt du dich von einem neuen Weg, einer neuen Möglichkeit verführen und – schwups – bist du wieder dort, wo du angefangen hast.

Lass dich nicht ablenken. Gewöhne dir an, dein Ziel zu verfolgen, bist du es erreicht hast. Dann kannst du das nächste Ziel ‚jagen'.

Das Gute an allem, was du dir angewöhnst, ist ja: Du musst nicht mehr darüber nachdenken, du tust es einfach. Wenn du dich daran gewöhnst, jeden Tag etwas für dein Business zu tun, Geld zu bewegen und dein Ziel zu verfolgen, dann wird es dir irgendwann leichter vorkommen.

Ablenkungen im Business sind teuer. Mit der Zeit, dem Geld und der Energie, die du dabei verlierst, drei *next shiny objects* zu jagen, könntet du locker eines deiner Ziele erreichen, denn je mehr du deine Kraft und deine Ressourcen bündelst, desto schneller wirst du vorankommen.

FOKUS – FOKUS – FOKUS

Fokus ist für mich einer der großen Schlüssel zum Erfolg. Du solltest wirklich nur noch dein eines, nächstes Ziel vor Augen haben und alles, was du tust, sollte dir dienen, es zu erreichen. Wenn du deine Energie auf viele verschiedene Dinge richtest, dann dauert es sehr lange, bis sie fertig werden. Das ist so, als würdest du parallel zehn verschiedene Kuchen auf einmal backen. Da wirst du ja nie fertig! Back erst mal einen Kuchen und dann den nächsten.

Das heißt für dein Business: Entscheide dich für ein einziges Projekt, das du erreichen willst und gib alles, was dir zur Verfügung steht, hinein. Wenn du dein Ziel erreicht hast, ist das einfach ein geniales Gefühl. Du weißt jetzt: „Ich kann das" und machst dich an das nächste Projekt.

Auch wenn du mehrere Business-Ideen hast, solltest du erst ein einziges Business zum Laufen bringen. Wenn du konstant über ein halbes Jahr jeden Monat 100.000 Euro damit verdienst, dann darfst du das nächste Projekt starten.

GIB NIEMALS AUF!

Wie gesagt: das Leben wird dich immer wieder testen. Und genau da ist es wichtig, dass du nicht aufgibst, sondern dir sagst: „Jetzt erst recht".

Ich erinnere mich zum Beispiel an eines unserer Webinare. Unser Ziel war es, dieses Webinar zu füllen und dafür hatten wir rund 7.500 Euro in Facebook-Werbung investiert. Und tatsächlich gewannen wir 3.000 Teilnehmer. Das war ein tolles Ergebnis!

Erst lief das Webinar auch sehr gut an. Doch dann sind Mara und ich rausgeflogen, das heißt die Software hat plötzlich nicht mehr funktioniert und keiner konnte uns mehr hören oder sehen. Und nicht nur Mara und ich sind rausgeflogen, sondern auch alle Teilnehmer. Das Fatale daran war, dass es bei dieser Software keinen Link oder eine andere Möglichkeit gab, damit die Leute von sich aus wieder ins Webinar kommen konnten.

Zuerst war das natürlich eine große Pleite. Doch wir sagten uns: „Okay, das funktioniert jetzt nicht. Aber wir machen trotzdem weiter!" Es kam uns gar nicht in den Sinn, aufzugeben. Wir hatten so viel für dieses Webinar investiert und gearbeitet. Das musste jetzt einfach klappen!

Dazu mussten wir ein komplett neues Webinar starten, alle Leute noch einmal per Facebook und E-Mail anschreiben und sie wieder in dieses Webinar einladen.

Leider kamen nur noch rund 900 Teilnehmer zurück. Doch das Gute daran: Es waren genau die richtigen Leute wiedergekommen. Also die Leute, die lernen wollten und die sagten: „Ja! Ich bin wirklich interessiert". Das Rausfliegen wirkte also wie eine Art Filter.

Eine Weile verlief alles gut, doch dann kam es zum zweiten Mal zu einer Unterbrechung. Diesmal flogen nur Mara und ich heraus und der dritte Moderator war zum Glück noch im Webinar. Wir sagten wieder: „Egal, was ist, wir machen weiter". Nachdem wir nicht mehr hineinkamen in das Webinar, haben wir den Moderator auf seinem Handy angerufen. Er stellte uns auf Lautsprechen und legte uns neben seinen Laptop. Dann klickte er per Taste die Präsentation weiter und wir sprachen dazu. Mit dem Webinar haben wir 50 neue Kunden gewonnen und insgesamt 500.000 Euro Umsatz gemacht. Obwohl alles so aussah, als würde es in einem Desaster enden, war es am Ende ein riesiger Erfolg und die Leute waren wirklich beeindruckt von unserer Ausdauer. Und wir auch! Danach wussten wir: Es gab wirklich nichts, was uns stoppen konnte. Nach dem Webinar waren wir sofort ausgebucht.

ES KLAPPT NICHT AUF ANHIEB? MACH TROTZDEM WEITER!

Meine Devise ist immer: „Entweder ich gewinne oder ich lerne etwas". Es gibt in jeder Sache etwas Gutes, nur weiß man das vorher natürlich nicht.

Das Gute an dem Rausfliegen beim Webinar war die Filterung. Es kamen danach nur noch die Leute zurück, die es wirklich ernst meinten.

Manchmal denkt man ja: „Das ist der schlimmste Tag meines Lebens." Alles geht schief, du stolperst von einem Missgeschick ins nächste. Doch nach ein paar Monaten schaust du zurück und staunst: „Eigentlich war dieser Tag doch total genial, denn das war wirklich ein Wendepunkt in meinem Leben". So ist es eben im Business: Erst kommt der kritische Moment und dann, wenn du trotzdem weitermachst und Ausdauer beweist, geht es auf einmal aufwärts. Man kann das Leben oft nur rückblickend verstehen.

Fang einfach mal an, das Gute an der Sache zu suchen, die dir gerade passiert ist.

Wenn sich eine Tür schließt, dann macht dir das Leben eine neue Tür auf. So habe ich das immer wieder erlebt. Nehmen wir an, du bist Profi-Skifahrer und brichst dir das Bein mehrfach. Der Arzt sagt: „Du hast keine Chance, zum Sport zurückzukehren". Dann schließt sich diese Tür komplett. Aber ziemlich bald wirst du ein neues Business, eine neue Leidenschaft finden und es öffnet sich wieder eine neue Tür. Ich habe da ein wirklich tiefes Vertrauen in das Leben. Das Leben will immer nur das Gute für dich und es öffnet sich definitiv eine neue Tür. Man sieht sie vielleicht noch nicht, aber im Nachhinein versteht man es und denkt: „Das war das Beste, was mir passieren konnte".

WER WEISS, WOFÜR ES GUT IST

Wenn etwas nicht so läuft wie geplant, sage ich mir normalerweise: „Wer weiß, wofür es gut ist – ich lasse es mal los."

Das erinnert mich an diese alte chinesische Geschichte namens „Glück im Unglück – Unglück im Glück" aus dem Buch *Huainanzi*. Sie ist recht lang, deshalb erzähle ich dir hier nur die Kurzform in meinen eigenen Worten:

Es war einmal ein Bauer, der hatte einen einzigen Sohn und gemeinsam hatten sie ein Pferd. Eines Tages vergaß der Sohn, den Stall zuzumachen und das Pferd lief davon. Die Dorfbewohner sagten zum Bauern: „Oh, hast du ein Pech." Doch der Bauer entgegnete nur: „Na ja, wer weiß, für was es gut ist." Zwei Tage später kam das Pferd mit zwei anderen Pferden zurück. Auf einmal hatte der Bauer drei Pferde! Eines Tages fiel sein Sohn vom Pferd herunter und brach sich das Bein. Und die Dorfbewohner sagten wieder: „Du hast aber echt ein großes Pech." Der Bauer meinte nur: „Wer weiß, für was es gut ist." Ein paar Tage später brach ein Krieg aus. Alle Söhne der Dorfbewohner mussten in den Krieg ziehen. Bloß der Sohn des Bauern durfte zu Hause bleiben, weil er ein gebrochenes Bein hatte.

Also, wenn etwas nicht so läuft wie geplant, kannst du dir einfach sagen: Ich weiß nicht, wofür es gut ist, aber ich lasse los. Und du kannst dich fragen: Was ist das Gute daran? Was kann ich hier lernen?

Stell dir die richtigen Fragen. Frag dich nicht: „Warum passiert mir das?", sondern: „Wie könnte es funktionieren?"

Die Frage: „Warum passiert MIR das?" zieht dich nur runter, bringt dich deinem Ziel nicht näher und dich schnell in eine Endlosschleife von Zweifeln: „Warum passiert mir dies und warum passiert mir das? Ich habe immer Pech." Fang damit lieber gar nicht erst an.

Stell dir lieber die Frage: „Wie könnte es funktionieren? Was kann ich tun? Was ist der nächste Schritt?"

WER DIE RICHTIGEN FRAGEN STELLT, BEKOMMT DIE PASSENDEN ANTWORTEN

Wir denken den ganzen Tag. Und denken ist nichts anderes, als sich Fragen zu stellen. Ich stelle mir die Fragen: „Was soll ich heute essen? Was soll ich heute anziehen? Was soll ich jetzt tun?“ Unser Gehirn ist sozusagen Google – wenn wir uns gute Fragen stellen, bekommen wir auch gute Antworten.

Die Antwort kommt manchmal nicht sofort, aber irgendwann kommt sie. Ich kenne jemanden, der stellt sich eine Frage, dann bügelt er eine Runde oder gräbt den Garten um und dann weiß er plötzlich die Antwort. Das funktioniert auch beim Sport, bei der Massage, beim Spazierengehen. Die besten Antworten kommen, wenn man entspannt ist, sich neuen Input holt oder auch „etwas“ komplett anderes macht. Künstler kennen diesen Prozess, denn so holen sie sich neue Inspiration.

Wenn Du dir eine Frage stellst, dann fokussierst du dich auf dieses Thema und auf einmal wirst du aufmerksam. Du hörst etwas in einem Gespräch, liest einen Satz in einem Buch oder siehst etwas in einem Film und denkst: Genau das ist es!

Wenn du deinen Fokus auf deine Frage richtest, dann wirst du empfänglich für die Sachen, die dich unterstützen, dein Ziel zu erreichen. Mir ist es schon oft passiert, dass ich die Lösung direkt vor meiner Nase hatte, aber ich konnte sie nicht sehen, weil ich mir die falschen Fragen gestellt habe.

Wenn du zum Beispiel eine bessere Kondition haben möchtest, dann bringt dir die Frage: „Warum bin ich so schnell außer Atem?“ nichts. Frag dich lieber: „Was muss ich tun, um möglichst effektiv eine bessere Kondition zu bekommen?“

Mit den richtigen Fragen richtest du deinen Geist und deine Aufmerksamkeit auf dein Ziel und eine Lösung aus. Und auf einmal siehst du die Möglichkeiten, die sich dir bieten und die du vorher nicht gesehen hast.

Vielleicht ist dir das schon mal passiert: Du stehst in der vollen U-Bahn und jemand hat sich mit seinen Taschen über zwei Sitze breitgemacht. Du sagst nichts und denkst dir nur: „Ich würde mich gern setzen. So ein ungehobelter Klotz". Dann kommt jemand und fragt denjenigen einfach: „Kann ich mich bitte setzen?", sofort rutscht die Person zur Seite und macht den Platz frei. Wer fragt, kommt weiter.

Wenn du etwas willst, dann musst du dir Fragen stellen, die dich deinem Ziel näherbringen. Und die meisten Antworten weißt du selber schon. Im Prinzip hast du alles schon da, was du an Ressourcen und Wissen brauchst. Nur schiebt sich oft der Verstand davor und macht alles komplizierter, als es eigentlich ist. Manchmal braucht man dann einfach Hilfe oder Unterstützung von einem Coach, Trainer, Mentor oder Experten, damit man wieder klarsieht. Durch kontinuierliches Coaching, Üben, Beleuchten und Trainieren lernst du, dir immer die richtigen Fragen zu stellen, die dich auf deinem Weg weiterbringen.

DANKBARKEIT HILFT DIR IMMER WEITER

Wenn du, wie ich, in Europa, den USA oder Kanada wohnst, dann lebst du auf einem hohen Niveau und deine Grundbedürfnisse als Mensch sind gesichert. Weltweit haben nur rund 20 % aller Menschen konstanten Zugang zu sauberem Wasser, Elektrizität und Internet. Wenn du also dieses Buch liest, dann gehörst du ziemlich sicher zu diesen 20 %, denn du hast das Buch im Internet bestellt. Das heißt, dass es dir jetzt schon besser geht als 80 % aller Menschen. Sei dankbar für das, was du hast.

Wir leben in einer Welt der Fülle. Es gibt Millionen von Blättern auf den Bäumen. Es gibt Millionen von Blumen, Kräutern, Grashalmen auf den Wiesen. Oder schau aufs Meer hinaus: Es gibt Milliarden Liter von Wasser. Diese Fülle ist da, wenn du deinen Fokus darauflegst. Du kannst ebenso entscheiden: „Ich sehe nur Mangel. Es gibt von allem zu wenig." Dann wird dir das auch überall begegnen.

Wann immer du glaubst, es geht gerade nicht weiter und du siehst in deinem Leben nur das, was fehlt, dann setz dich einfach hin und schreib mal alles auf, wofür du dankbar sein kannst. Vom sauberen Wasser über das tägliche Essen, den Sonnenschein, deine Beziehungen, deinen Job, deine Talente, deine Gesundheit und alles, was dir eben einfällt. Du wirst merken, das ganz automatisch ein *shift* in deinem Geist stattfindet. Du beginnst, wieder die Fülle in deinem Leben zu sehen und so auch die Chancen und Möglichkeiten, die du hast.

Also: Wenn du dir ein Ziel setzt, dann zieh es durch. Das ist das größte Geschenk, das du dir selber machen kannst. Es ist so, als würdest du dir selbst dein Wort geben und es auch halten. So gewinnst du mehr und mehr Vertrauen in dich und deine Fähigkeiten. Du siehst den Fortschritt und kommst Schritt für Schritt mit Ausdauer zum Erfolg.

Na? Ich hoffe, ich konnte dir die Schokoladenseiten der Ausdauer so richtig schmackhaft machen. Ich sag nur: **Ausdauer ist sexy!**

Im nächsten Kapitel erzählt dir Mara dann etwas über Schuhe – nein, nicht irgendwelche Schuhe, sondern über einen der wichtigsten Schuhe überhaupt: den „Money-Schuh“. Viel Spaß beim Lesen!

Vergrößere deinen „Money-Schuh“ (Mara)

Wir sind auf dem Filmfest in Cannes und alles wartet ungeduldig auf die Ankunft der Stars. Endlich fährt eine Limousine vor. Blitzlichtgewitter. Eine elegante Lady steigt aus und setzt den ersten Schritt auf den roten Teppich. Die Zuschauer staunen: Ihr Schuh ist riesig groß!

„Die lebt ja auf großem Fuß“, flüstert eine Frau neben mir empört. „Das ist doch total unanständig!“

„Nein“, sagt die Dame links daneben mit einem bewundernden Kennerblick, „sie hat einfach einen großen Money-Schuh.“

Die Reporterin von M&N TV lächelt in die Kamera: „Was steckt wohl hinter diesem geheimnisvollen Money-Schuh? Ganz Cannes rätselt. Und damit gebe ich zurück zu Mara ins Studio. Sie wird uns erklären, was es mit diesem Phänomen auf sich hat.“

DER GROSSE „MONEY-SCHUH“ FÜR FRAUEN KOMMT IN MODE

Hallo meine Lieben, hier ist eure Mara.

Stimmt, der große „Money-Schuh“ ist der ultimative Trend unter Businessfrauen. Er ist auch mein absoluter Lieblingsschuh. Und je größer dein „Money-Schuh“, desto mehr Geld passt hinein.

Aber leider gibt es noch viele Vorurteile gegen so einen großen Schuh bei Frauen. Warum eigentlich? Der Frage werden wir jetzt mal auf den Grund gehen.

Ich erinnere mich deutlich: Im Februar 2015 habe ich zum Beispiel in meinem Blog geschrieben, dass ich meinen „Money-Schuh“ richtig groß werden lassen will. Norbert und ich waren gerade von einem internationalen Unternehmer-Treffen zurückgekommen. Eine Woche lang hatte ich mich unter Millionären getummelt und beschlossen: Ganz klar, das will ich auch!

Also schrieb ich voller Begeisterung: „Ich will Millionärin werden.“

Wow, war das ein Aufschrei im Netz!!

Noch nie hatte ich so viele Kommentare zu einem Blogpost bekommen. Neben vielen Leuten, die hellauf begeistert waren, hagelte es auch Kritik. „Was bildest du dir ein“ und „Du hast wohl keinen Mann und bist deshalb so geldgierig.“

Wie? Da komme ich jetzt nicht mit. Ich will doch nur Millionärin werden!

Ist das etwas Schlimmes?

Und dann dachte ich mir, vielleicht drückt einfach bei vielen der „Money-Schuh“ ...

WENN DER „MONEY-SCHUH" DRÜCKT

Und es gibt kaum einen Schuh, der schlimmer schmerzt als der „Money-Schuh". Denn ohne Geld läuft einfach nichts. Nada. Niente. Und durch die Reaktionen auf den Blogpost habe ich gemerkt: Viele haben schon echte Hühneraugen durch den ewigen Druck.

Das tut weh!

Aber weißt du was? Es gibt ein Heilmittel: Hol dir einen größeren „Money-Schuh"!

Wenn dein „Money-Schuh" drückt, ist er dir einfach zu klein geworden. Und wenn du plötzlich total wütend wirst beim Thema Geld, ist das ein deutliches Zeichen dafür, dass du einen größeren brauchst.

Oft ist es ja so, dass wir uns selber etwas nicht gönnen und deshalb total empört sind, wenn sich jemand anderes das einfach leistet.

Waaaaas??? Du willst es dir gut gehen lassen? Einfach so?!!!!

Glaub mir, ich kenne die Situation nur zu gut: Damals, am Anfang meiner Selbstständigkeit, habe ich sehnsüchtig meinen Kolleginnen hinterhergeguckt, wenn sie mal eben für ein Retreat nach Honolulu gejettet sind oder zum Shoppen nach New York. Ich dagegen habe geackert und gerackert – und trotzdem war irgendwie immer das Geld knapp. Warum? War da ein Loch in meinem Geldbeutel, gab es versteckte Ausgaben, ein Problem in der Buchhaltung? Ich habe wirklich alles überprüft und es blieb mir doch ein Rätsel, wohin das Geld immer verschwand.

Und dann habe ich in dem Buch „The Fire Starter Sessions" von Danielle LaPorte über den *Moneyshoe* gelesen. Ich wusste sofort: Irgendwie hat dieser Schuh etwas mit meinem Problem zu tun.

WAS IST EIN „MONEY-SCHUH"?

Dein „Money-Schuh“ ist die Menge Geld, mit der du dich wohlfühlst. Jeder hat einen anderen „Money-Schuh“. Wenn du eine Million verdienen möchtest, aber dein „Money-Schuh“ geht bis maximal 10.000 Euro, dann wird das so nicht klappen.

Viel Geld zu bewegen – es zu verdienen und es zu investieren – fühlt sich an, wie eine riesige Welle zu reiten. Es ist wirklich wie beim Surfen. Erst musst du lernen, überhaupt auf dem Brett stehen zu bleiben – das heißt, du brauchst einen regelmäßigen Cashflow. Und dann kannst du Schritt für Schritt auf immer größeren Geld-Wellen reiten.

Dein „Money-Schuh“ ist deine Fähigkeit, Geld zu bewegen.

Dein „Money-Schuh“ ist sozusagen deine Geld-Komfortzone. Und wie immer bei der Komfortzone gilt: Um zu wachsen, musst du sie regelmäßig verlassen. Wenn du wirklich dein Geldthema für dich lösen willst, dann musst du deinen „Money-Schuh“ stetig vergrößern.

Wie das geht? Das erzähle ich dir hier. Also bleib dran. Wir schalten kurz noch mal nach Cannes und genießen die schönen Frauen auf dem roten Teppich. Sie tragen ganz entspannt ein Collier für Hunderttausende von Euro und wissen: Das und noch viel mehr bin ich wert! Das sind echte Meisterinnen im „Money-Schuh“-Vergrößern.

WIE DU LERNST, „UNANSTÄNDIG" VIEL GELD ZU VERDIENEN

Wir Frauen können ja unglaublich gut viele Rollen spielen. Eine davon ist die brave Nonne. Das ist die bescheidene Frau, die nichts verlangt, brav ist und auch keinen Sex hat oder wenn, dann nur im dunklen Zimmer und wenn es unbedingt sein muss. Diese Frau will natürlich KEIN GELD. Sie lebt nur von Luft und Liebe.

Da gibt es natürlich einen Aufschrei, wenn plötzlich eine Frau sagt: „Ladies, ich will viel Geld, Luxus, Spaß und jede Menge guten Sex!“

Das ist doch krass! Was bildet die sich ein!

Und es kommt noch besser. Es gibt Frauen, die noch viel, viel unanständiger sind. Sie sagen: „Ich hätte gern mehr Geld, aber ich will dafür nicht mehr arbeiten.“

Waaaaas!!?! Das ist doch wohl der Gipfel der Unanständigkeit!! Solche Schlampen!

Denn Geld verdienst du als brave Frau doch nur, wenn du dafür hart arbeitest, leidest, schuftest, jammerst und keinen Spaß dabei hast. Wenn du völlig erschöpft und mit der Gesundheit am Ende bist, dann ist es gerade noch okay.

Aber wenn eine Frau mit Leichtigkeit und Freude Geld verdient, dann ist das geradezu unanständig. Nur wilder Sex mit wechselnden Sexualpartnern ist unanständiger!!

Tja, liebe Damen, wenn ihr tief in euch drin doch mehr Geld verdienen wollt, dann gibt es da nur einen Weg: Lasst uns den Nonnenschleier ablegen und die Business-Diva rausholen!

WECKE DIE BUSINESS-DIVA IN DIR!

Okay, sind alle Schleier unten? Prima! Das ging ja ganz schnell.

Und jetzt lasst uns wild und ungezügelt … Geld verdienen!

Wir nehmen uns dazu ein Beispiel an erfolgreichen Frauen. Es sind die Frauen, bei denen viele denken: Warum sieht die so unglaublich gut aus? Warum hat sie diesen sexy Mann an ihrer Seite? Warum kann die schon wieder in den Urlaub fahren? Wie kann die sich das leisten?

Jetzt kommt der nächste Schritt.

Sag laut und deutlich: „Ich will das auch!“

So einfach ist das. Anstatt das brave Mädchen zu spielen, lässt du dich jetzt von den wilden Businessfrauen auf Abwege bringen. Take a walk on the wild side, Baby! Du solltest deine Energie ab jetzt nur noch für eines verwenden: um deine eigenen Ziele zu erreichen. Frag dich: Wie kann ich da hinkommen, wo diese Frauen schon sind?

Am Anfang meines eigenen Business wollte es ja nicht so richtig laufen mit dem Geld. Aber ich wusste: Ich wollte einen tollen Lifestyle, viel reisen, bei Top-Coaches lernen und mich auch einfach regelmäßig verwöhnen lassen im Spa und bei der Massage.

Ich habe gesehen, dass andere Leute sich solche Dinge leisten konnten. Und ich wollte das auch haben. Damals habe ich mir die Frage gestellt: Wie kann ich das erreichen?

GÖNNE DIR UNANSTÄNDIG VIEL

Die Antwort bekam ich von einem Mentor und Coach, mit dem ich darüber gesprochen habe. Er sagte: „Wenn du mehr Geld haben willst, musst du anfangen, dir was zu leisten und zu gönnen.“

Ich hätte damals vor lauter Wut und Verzweiflung fast begonnen, zu weinen. „Der hat mir gar nicht zugehört“, dachte ich. „Ich habe doch gesagt, ich verdiene zu wenig. Jetzt soll ich noch mehr ausgeben? Wie soll das denn gehen?“

Dann habe ich von ihm eine Aufgabe bekommen. Eine Woche lang sollte ich mir jeden Tag etwas gönnen, obwohl das zu der Zeit finanziell eigentlich gar nicht ging. Es war der schlechteste Monat, den ich jemals gehabt hatte.

Es musste nichts Teures sein. Ich sollte mir nur etwas leisten. Also bin ich jeden Tag zähneknirschend zum Einkaufen gegangen und habe mir Sachen gekauft, die meinem „Money-Schuh“ angemessen waren. Einmal ein T-Shirt für 20 Euro, dann eine Massage für 50 Euro.

Ob du es glaubst oder nicht: Es hat mich große Überwindung gekostet.

Mir stand einfach das Wasser bis zum Hals und ich fühlte diese tiefsitzende Angst, plötzlich ohne Geld dazustehen.

Trotzdem habe ich es durchgezogen und mir jeden Tag etwas gegönnt.

Ich sollte mich ja nicht wie wild verschulden. Es ging nur darum, dass ich meine Komfortzone verließ. Und ich rede auch nicht davon, dass man sich aus Trotz und Wut oder anderen negativen Gefühlen heraus etwas kauft. So nach dem Motto: „Ich fühle mich so schlecht, jetzt mache ich zumindest einen Frustkauf." Das funktioniert sicher nicht.

Es geht darum, darauf zu hören, was du dir tief drinnen eigentlich wünschst.

Ich bin mit wachem Blick herumgelaufen und habe mich gefragt: „Was würde ich mir jetzt gerne gönnen?" Einmal habe ich zum Beispiel diese coolen Stiefeletten in der Auslage gesehen, die von 120 auf 70 Euro heruntergesetzt waren. Die habe ich anprobiert, sie passten wie angegossen und ich wusste sofort: „Die sind für mich."

Und genau solche Sachen habe ich mir gegönnt. Die Woche war noch nicht mal vorbei, da haben zwei Kundinnen aus dem Nichts heraus bei mir Coaching gebucht.

VERLANGE MEHR

Warum kann der eine 10.000 Euro verlangen und bekommt es bezahlt und der andere versucht dasselbe Produkt für 1.000 Euro zu verkaufen und bekommt es nicht bezahlt?

Es ist eigentlich ganz einfach: Deine Preise müssen zu deinem „Money-Schuh" passen. Warum?

Wenn dein „Money-Schuh" noch nicht so groß ist, um einen Preis von 10.000 Euro zu verlangen, dann kannst du es auch noch nicht machen.

Trotzdem kannst du anfangen, Schritt für Schritt mehr zu verlangen. Das macht einfach einen riesigen Unterschied. Norbert und ich bieten mittlerweile nur noch Coaching im 5-stelligen Bereich an. Seit wir diese neuen Preise verlangen, haben wir auch ganz andere Kunden bekommen. Diese Kunden haben selber einen viel größeren „Money-Schuh“ und investieren gerne in sich und ihre Karriere.

Du wirst ziemlich schnell merken, bis wohin dein „Money-Schuh“ reicht. Frag dich mal, wie viel dein Produkt kosten sollte? Spiel mal mit den Zahlen und geh deutlich höher als du es gewöhnt bist. Auf welchen Preis hast du wirklich Lust? Mit welchem Preis kannst du dir einen tollen Lifestyle leisten?

INVESTIERE MEHR

Investieren ist genauso wichtig wie Einnehmen. Wenn du dein Business mit einem Organismus vergleichst, dann ist es wie das Einatmen und Ausatmen. Der Cashflow ist das Blut, das dein Business am Leben erhält. Und wenn du nie investierst, dann wirst du nicht weit kommen.

Ich habe von Anfang an in Coaching investiert, viele Einzelcoachings und Seminare besucht. Anders hätte ich das auch alles nie so schnell schaffen können.

Also denk an die Ladies auf dem roten Teppich, sei smart und investiere vor allem in DICH, dein Know-how, dein Mindset und deinen Lifestyle. Denn das bringt dir einfach eine unglaubliche Ausstrahlung und Power.

Umgib dich mit Menschen, die schon einen größeren „Money-Schuh“ haben.

Suche dir bewusst Menschen, die einen größeren „Money-Schuh“ haben als du. Wenn alle um dich herum Angestellte sind und einen Stundenlohn bekommen, werden sie wohl nicht verstehen können, wie du plötzlich nach den Sternen greifst. Sie werden dir vermutlich auch eher abraten, viel Geld zu investieren. Deshalb solltest du dich so oft wie möglich mit Unternehmern umgeben.

2015 sind Norbert und ich zum Beispiel zu einer großen Konferenz für erfolgreiche Online-Unternehmer nach Costa Rica geflogen. Man musste sich um die Teilnahme bewerben und wir wurden eingeladen. Das war aufregend! Wir hatten uns vorgenommen, unseren „Money-Schuh“ zu vergrößern und zwar richtig! Alleine der Flug und die Anmeldung für die Teilnahme kosteten schon mehrere tausend Euro. Das war damals für uns eine große Investition.

Auf den Seminaren, Präsentationen und Partys wimmelte es nur so von innovativen Unternehmern und Investoren. Einmal saßen wir in einer Lounge und da kam ein lässiger Mann in Shorts herein. Wir unterhielten uns und er meinte, heute gäbe es etwas Nettes zu feiern, er hätte gerade sein Geschäft für 50 Millionen Dollar verkauft.

Überall auf der Konferenz trafen wir Leute, die Unternehmen im mindestens 7-stelligen Bereich führten. Sie sprachen über Millionengeschäfte, während sie entspannt an ihrem grünen Smoothie nippten.

Ich erinnere mich noch deutlich an einen Firmeninhaber. Auch er wirkte entspannt und leger wie ein Weltenbummler. Er erzählte uns lachend, dass er dank einer brillanten Geschäftsführung nicht viel mehr zu tun hätte, als durch die Welt zu reisen und neue Ideen zu finden. „Ab und zu gucke ich mal wieder in meiner Firma vorbei und die Leute fragen: ‚Wer ist der Hippie da im Flur?‘ Und dann kommt jemand von den älteren Angestellten vorbei und meint: ‚Das ist unser oberster Chef‘.“

Die Erlebnisse auf dieser Konferenz waren unglaublich. In den wenigen Tagen in Costa Rica ist mein „Money-Schuh“ mindestens um zwei Nummern größer geworden. Kein Wunder, denn „Costa Rica“ bedeutet ins Deutsche übersetzt ja auch „Reiche Küste“.

LEBE EINEN LIFESTYLE, DER DEINEN „MONEY-SCHUH" WACHSEN LÄSST

Vor einiger Zeit habe ich in einer Woche fünf verschiedene Länder besucht: von Spanien flog ich nach Frankreich, dann nach Deutschland, Österreich, in die Schweiz und wieder nach Frankreich. Cannes lässt grüßen! Und im folgenden Monat war ich dann wieder in Malaysia und in den USA.

Seit ich diesen Lifestyle lebe, bin ich rundherum glücklich. Und das Beste daran: Je mehr ich reise und je mehr ich nach meinem Geschmack lebe, desto mehr Geld verdiene ich auch. Mein „Money-Schuh" ist in den letzten Jahren enorm gewachsen.

Du siehst: Es lohnt sich, wenn du es dir gut gehen lässt.

Von welchem Lifestyle träumst du?

Geh doch mal in ein Hotel, das du dir eigentlich nicht leisten würdest und guck, was ein paar Tage Luxus mit dir machen!

Und wenn du investierst, dann mache es ab jetzt einfach auf einem höheren Level. Schluss mit der falschen Bescheidenheit. Genieß es!

Oder hast du schon mal einen Star total verschämt auf dem roten Teppich herumtrippeln sehen so nach dem Motto: „Das wär' doch nicht nötig gewesen!" Ganz bestimmt nicht. So wie alles andere im Business darf auch dein „Money-Schuh" immer weiterwachsen. Du kannst ihn ja nicht von heute auf morgen von 0 auf 100 aufblasen. Es ist ein wenig wie beim Sport. Wenn du regelmäßig ins Fitnessstudio gehst, trainierst du deine Körpermuskeln. Sie sind dann in einem anderen Zustand, als wenn du sie nie bewegst. Und so ist es auch mit dem „Money-Schuh".

Investiere immer wieder ein bisschen mehr in Luxus, verlange mehr, gebe mehr, investiere mehr – und du wirst sehen, wie auch mehr Geld in deinem Business fließen wird.

Ich habe auch intensiv an meinen Geld-Glaubenssätzen gearbeitet. Wie das geht, schreibt Norbert ausführlich im Kapitel 9.

Stell dir die Frage: Was muss ich tun, damit ich es mir leisten kann?

Bei mir war es so: Ich wollte immer schon Business Class fliegen oder noch lieber First Class! Aber ich habe mir damals gedacht: „Ich kann mir das nicht leisten. Das ist so teuer, das ist wirklich nur was für die Reichen.“ Dann hat mir ein Unternehmer gesagt: „Das ist vollkommener Unsinn. Stell dir vor, wie viel ein Business Class Ticket kostet und frag dich dann, wie du es verdienen kannst.“

Das ist der erste Schritt. Du musst dir überlegen:

Wie kann ich das Geld bekommen? Was kann ich tun dafür?

Meine letzte größere Investition war eine Coachingwoche für 100.000 Dollar. Diese Entscheidung habe ich im September getroffen. Ich habe mit dem Coach gesprochen und der hat mich gefragt: „Willst Du es machen?“ Ich treffe sehr, sehr schnelle Entscheidungen. Dazu stelle ich mir selbst einfach ehrlich die Frage: Will ich das? Und dann weiß ich sofort JA oder NEIN. Und die Antwort war JA. Ich wäre nicht ehrlich gewesen, wenn ich NEIN gesagt hätte. Ich wollte es und habe es gewusst. Wenn ich in so einem Fall NEIN sagen würde, würde ich in meinem Business alle Kunden anziehen, die auch NEIN sagen. Aber jetzt muss ich natürlich auch das Geld organisieren. Das ist definitiv eine Herausforderung!

Norberts und mein Leitspruch ist: Was du coacht, musst du vorher selber machen. Denn dann bekommst du auch die entsprechenden Kunden. Ich kann nicht den ganzen Tag predigen: „Du musst Entscheidungen treffen, du musst für deine Wünsche gehen“ und es dann selber nicht tun. Der Coach bot mir eine Ratenzahlung an und ich sagte „Ja“, obwohl ich das Geld noch gar nicht hatte.

Was soll ich sagen: Ich hatte die Entscheidung getroffen und auf einmal ging es los. Die nächsten 4-5 Monate waren die erfolgreichsten, die ich jemals in meinem Business hatte.

Warum? Ich hatte in dem Moment schon die Entscheidung getroffen, dass ich das Geld verdienen würde. Hätte ich in dem Moment gesagt, ich kann es mir nicht leisten, dann hätte ich im Prinzip dem Universum gesagt: ICH will kein Geld! Ich will lieber arm sein und es mir nicht leisten können.

Dein Herz weiß immer sofort, was du willst!

Die erste Entscheidung, die hochkommt, ist immer richtig. Die kommt aus dem Herzen. Aber dann kommt der Kopf. Ich habe mich gefragt: Soll ich das Coaching machen? Und es kam von Herzen ein JA.

Aber wenn du dann nicht handelst, kommt der Kopf und sagt: „Boah, das ist so viel Geld, das kannst du dir nicht leisten. Du weißt ja nicht, ob es wirklich das Richtige ist. Warte lieber ab. Überlege doch lieber noch. Vielleicht nächstes Jahr …"

Frag dich: Ist es wirklich das, was ich von Herzen gerne machen möchte? Und wenn dann ein JA kommt, dann musst du es leider machen.

Dann denkst du dir: „Das wird anstrengend!" Gleichzeitig hast du auch einen enormen Spaß dabei: „Oh, ist das cool. Ich weiß zwar gar nicht, wie es geht und ich habe fürchterliche Panik. Aber irgendwie weiß ich auch, es wird richtig gut werden."

Oft verwechseln wir Angst mit Aufregung und Vorfreude, weil es sich im Bauch so ähnlich anfühlt.

Deshalb habe ich mich darauf trainiert, die Angst einfach durch mich hindurch zu lassen. Und dann kommt sehr schnell dieses „Yeah! Das wird richtig cool"-Gefühl.

Mir fällt dazu noch eine super Geschichte ein:

Norbert und ich waren mal in L.A. und wir wollten unseren „Money-Schuh" vergrößern. Also sind wir dort mit einer Limousine in den teuersten Club gefahren. Wir haben uns die beste Champagnerflasche für 7.000 Dollar gekauft.

Die bekommt man aber nicht einfach so hingestellt. Da kommen drei schöne Frauen, die eine trägt die Flasche auf dem Kopf, die andere bringt den Sektkübel, die dritte Gläser und alles ist voller Wunderkerzen. Der ganze Saal sieht, dass gerade jemand einen teuren Tropfen gekauft hat und feiert mit. Das war ein dermaßen geniales Gefühl!

Wir haben danach die Fotos auf Facebook geposted. Da war dann was los. Die Leute waren so getriggert von der 7.000 Dollar-Champagner-Flasche. Die einen waren total empört, die anderen fanden es einfach nur super! Also, was machst du heute Inspirierendes, um deinen „Money-Schuh" zu vergrößern?

Am besten legst du gleich los!

Und bitte, keine falsche Bescheidenheit! Der rote Teppich liegt für dich bereit. Du musst nur noch deinen größten „Money-Schuh" anziehen und schon geht es los. Wir schalten jetzt rüber nach Cannes und feiern gemeinsam.

Und im nächsten Kapitel erzählt dir Norbert etwas von unseren wilden Abenteuern diesseits und jenseits des Cashflows. Freu dich auf ein paar filmreife Geschichten!

Cashflow, Cashflow, Cashflow (Norbert)

Stell dir vor, du bist in der Wüste: Die Sonne brennt nur so vom Himmel und die Luft ist staubtrocken. Du bewegst dich im Zeitlupentempo, um Energie zu sparen. Wer weiß, wie lange du noch aushalten musst. Irgendwann klingelt dein Business-Handy, aber du bist zu schwach, jetzt ein Gespräch zu führen. Kurz darauf hörst du die Mailbox ab. Es war ein wichtiger Klient: „Hallo. Tja, ich wollte gerade bei Ihnen für einen 5-stelligen Betrag einkaufen. Aber leider sind Sie nie erreichbar ..." Du willst zurückrufen, aber dein Handy hat keinen Saft mehr und du japst nur noch: „Neiiiiiiiin!!!!!" Du bist am Ende deiner Kräfte. Dann leckst du dir die trockenen Lippen und suchst am staubigen Horizont nach einer Regenwolke. Wann kommt er endlich wieder, der *Cashflow* …?

Na, kommt dir das ein bisschen bekannt vor? Wenn der Cashflow fehlt, verwandelt sich dein Business in eine echte Wüste.

CASHFLOW IST FÜR DEIN BUSINESS LEBENSWICHTIG

Cashflow heißt übersetzt „Geldfluss". Und er ist das, was dein Unternehmen am Leben erhält! Er ist lebenswichtig wie das Wasser für alle Lebewesen. Wenn der Geldfluss stockt, dann läuft auch dein Business nicht mehr gut.

Deshalb habe ich von Anfang an *Bootstrapping* praktiziert. Es ist ein einfaches Rezept, das wirklich funktioniert. Wenn du dein Business anfängst, stehst du ja vor dem Dilemma: Du hast noch keine Einnahmen und dadurch kein Kapital, das du investieren könntest. *Bootstrapping* funktioniert so: Du entwickelst schnell ein einfaches Produkt, gehst damit raus auf den Markt und verkaufst es, was das Zeug hält. Das Geld, das du einnimmst, steckst du sofort wieder in die Produktentwicklung.

Mit Bootstrapping kannst du dir ein Business auch mit wenig Kapital aufbauen.

So haben Mara und ich das gemacht. Wir haben meistens nur mit dem Kapital gearbeitet, das wir schon hatten. Am Anfang hast du also nur dein Know-how. Dann entwickelst du aus deinem Know-how das allereinfachste Produkt. Nimm etwas, das dich keine Investition kostet. Du könntest zum Beispiel ein E-Book schreiben oder ein Webinar anbieten. Heute kann das jeder und das Einzige, was du brauchst, sind Know-how und Zeit.

Das ist eben der Vorteil, den du als Online-Unternehmer hast: Du brauchst nicht erst eine Praxis einrichten, wie ein Arzt oder dir eine Bäckerei mieten, wie ein Bäcker. Du startest mit dem, was du hast und es kann gleich losgehen.

Dann bietest du das Produkt am Markt an. Die Einnahmen durch dieses Produkt steckst du wiederum in die Optimierung. Jetzt bringst du schon die zweite Version auf den Markt oder die zweite Auflage des E-Books, verkaufst es und steckst die Einnahmen wieder in die Produktentwicklung.

Nach und nach kannst du dir Equipment, Technik und Material kaufen. Auch bei meiner Webseite und allen anderen Investitionen bin ich so vorgegangen: Eine simple Facebook-Seite reicht heute schon aus, um Kunden zu gewinnen. Alles Weitere kann mit der Zeit wachsen.

ÜBERNIMM DIE VERANTWORTUNG FÜR DEINEN CASHFLOW

Jeder, der sein Business startet und kein Kapital hat, steht vor demselben Problem: Du hast noch nichts und musst dich selber aus der Situation herausziehen. Es ist eines dieser Paradoxe, die dir auf dem Weg zum 7-stelligen Business immer wieder begegnen werden.

Wenn du die Geschichten der erfolgreichsten Unternehmer, wie zum Beispiel Tony Robbins, Elon Musk oder Oprah Winfrey studierst, dann wird dir auffallen, dass viele von ihnen aus ganz bescheidenen Verhältnissen kamen. Tony Robbins beschreibt genau diesen Moment in seinem Leben, als er anfing, sein Leben in die Hand zu nehmen. Von einem Jungen, der in der High-School „Hochwasser" als Spitznamen bekam, weil sich seine Familie keine neuen Hosen für ihn leisten konnte, wurde er zu einem Erfolgstrainer, der mit 19 Jahren 10.000 Dollar am Tag verdiente. Eines Tages hatte er einfach genug von den „Hochwasser"-Hosen und entschied: „Es liegt in meiner Hand, was ich für ein Leben lebe." Viele Menschen beschreiben Geld, als wäre es eine Naturgewalt. Das ist es aber nicht. Geld folgt Regeln. Und die kannst du lernen. Wenn du verstehst, wie Geld funktioniert, kannst du anfangen, es zu bewegen. Dann ist es nicht mehr das Geld, das irgendwie kommt und geht, sondern DU nimmst Geld ein und investierst es wieder.

WERDE JEDEN TAG EIN BISSCHEN BESSER

Viele unserer Kunden fragen uns, wie wir so schnell vorankommen konnten. Mara und ich hatten uns von Anfang an vorgenommen, jeden Tag ein bisschen besser zu werden. Jeden Tag 1 bis 2 %. Wenn du das konsequent durchziehst, dann summiert sich das irgendwann.

Das geht natürlich nicht von heute auf morgen. Dafür braucht es Ausdauer.

Ein bisschen ist es wie mit einem Auto, das du zum Starten anschieben musst. Der Anfang braucht am meisten Kraftaufwand. Wenn der Motor dann zündet, wird es deutlich einfacher. Der Laden läuft und das Geld fließt.

GELD IST ENERGIE

Für mich ist Geld einfach Energie. Aber wenn nur ich Energie gebe und nichts zurückbekomme, dann bin ich irgendwann ausgebrannt. Das ist definitiv so. Wenn ich jemanden unterstütze, dann muss die Energie im Kreis fließen. Sie fließt zu dem Kunden in Form von wertvollem Input und Support, und wieder zu mir zurück in Form von Geld.

Eigentlich ist es auch physikalisch ganz logisch. Wenn jemand mir viel gibt, dann kann ich auch viel zurückgeben. Ein guter Coach oder Mentor kann dich auf das nächste Level heben. Aber dafür muss die Energie in einem

Kreislauf fließen, das heißt du musst ihn auch entsprechend bezahlen, sonst funktioniert das System nicht. Und so ist das für mich generell mit Geld. Du kannst nicht einfach nur geben, aber du kannst auch nicht nur nehmen.

Für mich sieht das Geben und Nehmen so aus:

GEBEN

1) Wertvolle Produkte und Dienstleistungen
Klar, wenn ein Kunde viel zahlt, dann muss auch dein Service entsprechend sein. Es reicht nicht, nur höhere Preise zu verlangen. Du musst selber auch immer wieder auf das nächste Level steigen, sodass der Kunde wirklich voll und ganz zufrieden ist.

2) Investitionen
Als Unternehmer musst du regelmäßig investieren. Du kannst nicht einfach nur Geld einnehmen und horten. Denn der Cashflow muss in beide Richtungen funktionieren.

NEHMEN

Deine Einnahmen

Je mehr du verdienst, desto mehr Energie in Form von Input, Know-how und Service kannst du auch deinen Kunden zurückgeben.

Bei mir war es wirklich immer so: Je mehr ich in mich und mein Business investiert habe, desto mehr habe ich auch wieder eingenommen. Mara und ich haben von Anfang an in unsere Weiterbildung, unser Know-how und unsere Persönlichkeitsentwicklung investiert. Mara hat mehrere Coaching-Ausbildungen absolviert und wir beide gehen regelmäßig auf Seminare von Top Coaches. Dadurch steigt auch ständig der Wert, den wir in unsere Arbeit einfließen lassen.

Wenn du unser Know-how und das unseres Teams von Experten zusammennimmst, dann ist das mittlerweile im wahrsten Sinne des Wortes Millionen wert.

Alles, was ich investiere, bekomme ich 10-fach zurück.

Ich habe den festen Glauben, dass alles, was ich gebe, 10-fach zu mir zurückkommt. Anstatt das Geld einfach auszugeben und zu denken: „Oh nein, das schöne Geld", investiere ich es mit dem festen Entschluss: „Das kommt mindestens 10-fach zu mir zurück." Wenn ich zum Beispiel ein Coaching buche, dann investiere ich das Geld in mich. Und das zahlt sich einfach immer aus.

Einmal zum Beispiel wollte ich an einem Coaching-Seminar bei Tony Robbins in London teilnehmen. Es kostete um die 5.000 US Dollar. Ich wusste eigentlich nicht, wie ich das bezahlten sollte. Aber glücklicherweise habe ich mich einfach angemeldet und dann kam auch das Geld dafür herein. Diese Erfahrung habe ich schon oft gemacht. Du entscheidest, dass du etwas tun willst und dann fließt von irgendwo auch das Geld dafür zu dir.

Auf dem Seminar waren rund 1.000 Menschen in einer Halle. Die Stimmung war toll und total inspirierend. Dort habe ich zum Beispiel DJ Bobo und viele andere Unternehmer getroffen. Am letzten Abend sind wir alle zusammen über glühende Kohle gelaufen. Gerade als ich an der Reihe war, schüttete Tony noch mal frische Kohlen auf. Ich dachte: „Ach du Scheiße, wie soll ich das denn machen?" Aber es gab auch kein „Nein". Also hab ich es einfach getan. Danach dachte ich nur: „Was soll mich jetzt noch stoppen?"

Die Energie war so dermaßen hoch auf diesem Seminar, dass ich danach heimkam und wochenlang nur drei Stunden Schlaf benötigte. Ich war so effektiv wie selten zuvor in meinem Leben – meine „Schubrakete" im Business war gezündet. Auch meine Ernährung habe ich umgestellt und mit grünen Smoothies und Superfood begonnen. Im Nachhinein war diese Investition also viel mehr wert als 5.000 Euro. Das Seminar hat mir totalen Rückenwind in meiner Entwicklung gegeben und das hat sich dann auch in meinem Cashflow in der Zeit danach gezeigt.

USE IT OR LOOSE IT

Vielleicht hast du dieses Phänomen schon kennengelernt? „Use it or loose it" heißt so viel wie „Nutze es oder verliere es". Nehmen wir an, du willst dir etwas kaufen – neue Schuhe zum Beispiel und die kosten 500 Euro. Du überlegst und überlegst, obwohl du innerlich weißt: du willst die Schuhe wirklich haben! Du entscheidest dich schließlich gegen die Schuhe oder die Chance, sie zu kaufen, ist einfach vorbei. Und dann passiert etwas Merkwürdiges: dir werden die 500 Euro trotzdem genommen. Du verlierst sie oder du musst sie für etwas anderes ausgeben. Also am besten ist es immer, das Geld in das zu investieren, was du wirklich willst.

Wenn etwas für dich ist, dann hol es dir. Du fühlst das einfach innerlich, wenn es passt. Im Nachhinein habe ich es schon bereut, wenn ich „Nein" gesagt habe zu etwas, was ich mir eigentlich gewünscht hätte. Aber ich habe es noch nie bereut, wenn ich „Ja" gesagt und mir Dinge voller Überzeugung geleistet habe.

FOKUS AUF CASHFLOW

Der Cashflow ist das, was dein Business am Leben erhält. Und deshalb ist er auch am allerwichtigsten. Wenn du ein Geschäft startest, dann fokussier dich zuerst darauf, dass Geld reinkommt. Wie soll dein Unternehmen sonst überleben? Das kann gar nicht gehen.

Klar, am Anfang kommen viele Sachen zusammen: Die Webseite, Businesskarten, Fotos, ein Logo ... Aber das sind auch die Dinge, die dir anfänglich nicht viel bringen. Verzettel dich da nicht. Das Allerwichtigste ist es, Kunden zu gewinnen, zu verkaufen und so den Cashflow in Bewegung zu halten. Denn wenn du Cashflow hast, dann kannst du auch Leute einstellen und Aufgaben abgeben. So gewinnst du Zeit, für die Dinge, die du am besten kannst und die am wichtigsten sind.

Du kannst wochenlang Bücher lesen und Videos anschauen, um schlauer zu werden und das perfekte Produkt zu entwickeln. Aber es bringt dir kein Geld und damit keinen Cashflow. Gerade am Anfang musst du dich wirklich jeden Tag darauf fokussieren, was dir Geld bringt. Wenn du mal anfängst, dann wirst du sehen: Du weißt schon genug, um etwas zu verkaufen, was andere brauchen. Dein Know-how ist dein Kapital.

LIEBER EINE SCHNELLE PROBLEMLÖSUNG ALS EINE SCHÖNE

Ich habe auch schon Leute erlebt, die ein Jahr oder länger untergetaucht sind, um einen Online-Kurs zu entwickeln. Sie erstellen ein Programm und am Ende kauft es keiner. Dann ist die meiste Arbeit wirklich umsonst gewesen.

Warum ist zum Beispiel Microsoft so erfolgreich? Sie bringen immer so schnell wie möglich die Version 0.1 heraus. Und dann fangen sie an, diese Version zu verbessern. Auch du kannst später alles noch besser machen.

Den Kunden geht es darum, dass sie eine möglichst schnelle Problemlösung an die Hand bekommt. Ob diese Lösung dann wunderschön oder total simpel aussieht, ob du daran eine Woche oder ein Jahr gearbeitet hast – das interessiert den Kunden nicht! Er will einfach sein Problem gelöst bekommen und gut. Je schneller du bist, umso besser für den Kunden.

HEUTE VERKAUFEN, MORGEN ENTWICKELN

Du kannst auch einfach erst dein Produkt verkaufen und es dann entwickeln. Ich arbeite viel mit Vorverkauf. Dann schreibe ich zum Beispiel: „Das Produkt kommt in zwei Monaten heraus. Und du kannst es jetzt bestellen". Wir haben sogar schon einen Kurs 6 Monate im Voraus verkauft. So siehst du, ob das Produkt sich verkauft. Das Geld investierst du sofort wieder, um weitere Ressourcen und noch mehr Reichweite aufzubauen.

Mara und ich haben unser gesamtes Unternehmen aus dem Cashflow finanziert. Das heißt, wir haben erst verkauft und parallel entwickelt.

Das Geniale am Bootstrapping ist, dass du kaum Risiko hast. Viele Unternehmer investieren Unmengen in Dinge, die sie gar nicht unbedingt brauchen. Aber damit gehst du ein hohes Risiko ein. Wir haben das Risiko minimiert, indem wir erst mal mit den Sachen rausgegangen sind, die wir schon hatten.

MIT WENIG RISIKO SOFORT LOSLEGEN

Dazu fällt mir noch eine Geschichte ein. Sicher kennst du Dropbox. Es ist ein Filehosting-Dienst – auch Cloud Storage genannt – bei dem du von überall aus Dateien online speichern und verschicken kannst, wie ein virtuelles Archiv, das du mit anderen teilst. Dropbox wurde im Jahr 2007 von den Studenten Drew Houston und Arash Ferdowsi in San Francisco gegründet.

Die Erfinder hatten erst nur eine geniale Idee, aber sie haben keinen Investoren gefunden. Es war sehr viel Kapital nötig, um die ganzen Server anzumieten und die Benutzeroberfläche zu entwickeln. Und was haben die beiden Jungs gemacht?

Sie haben so getan, als ob es Dropbox schon gäbe, ein Video erstellt und darin erklärt, wie der Service funktionieren würde. Sie haben das Video bei YouTube hochgeladen und die Leute gefragt, was sie davon halten.

Viele Leute haben es sich angeguckt, es geteilt und waren einfach begeistert. So sind auch Investoren darauf aufmerksam geworden. 2010 kam dann die erste Version von Dropbox heraus. Die beiden Studenten hatten erst nur eine Idee. Es war noch nicht einmal ein Produkt. Und trotzdem haben sie damit ein Millionen-Business gegründet.

> *Manchmal muss man nur an einer Schraube drehen, damit das Produkt sich verkauft.*

Mara hatte schon nach einem halben Jahr Online-Business eine E-Mail-Liste mit 3.000 Leuten. Ich fand das wirklich viel und habe sie gefragt: „Wie hast du das gemacht?" Sie meinte nur: „Wieso? Das ist doch nichts Besonderes." Aber es war etwas Besonderes. Mara hat ein unglaubliches Marketing-Talent und uns kam die Idee, einen Kurs anzubieten, in dem wir unseren Kunden helfen, wie sie eine E-Mail-Liste erstellen. Eine E-Mail-Liste ist eine Liste von Kontakten, die sich für deine Services und Produkte interessieren, und in Zukunft deine Kunden werden.

Wir wollten nichts versprechen, was wir nicht halten könnten. Deshalb haben wir uns ein Ziel gesucht, das wir auf jeden Fall mit den Kunden erreichen würden – und gesagt: „Wir helfen euch, eine E-Mail-Liste mit 500 Adressen aufzubauen.“

Das Produkt hat erst nur eine Person gekauft. Wir haben noch mal Kundenfeedback eingeholt und dann ein paar Änderungen vorgenommen. Und beim nächsten Anlauf haben wir gleich 30 Stück verkauft. Oft bist du gar nicht so weit entfernt vom Erfolg. Du musst nur an der richtigen Schraube drehen.

DEIN KNOW-HOW IST GOLD WERT

Dazu fällt mir eine gute Geschichte ein. Du kennst sicher UPS, den Paketdienst in Amerika? Die haben jede Menge Bänder am Flughafen. Und mit den Bändern werden die Pakete in die verschiedenen Flugzeuge verteilt. Aber eines Tages sind die Bänder stehen geblieben. Zur Info: Jede Minute, in der die Bänder stillstehen, verliert UPS 10.000 Dollar. Doch keiner wusste damals, woran es lag. Also wurde ein Experte gerufen. Er kam zum Flughafen, hat die Bänder geprüft. Dann ist er zu einem Kasten gegangen, hat ihn aufgemacht und an einer Schraube gedreht. Sofort liefen die Bänder wieder.

Der Chef rief: „Super! Es läuft wieder.“ Und der Experte meinte nur: „Hier ist die Rechnung.“ Der Chef sah auf die Rechnung und war fassungslos: „10.000 Dollar? Wie geht das denn? Wie kommst du auf diese Summe?“ Und der Experte erwiderte trocken: „Ich mache dir eine genaue Aufstellung. Es gibt zwei Punkte. 1 Dollar dafür, dass ich die Schraube gedreht habe und 9.999 Dollar, dass ich die Erfahrung und das Know-how habe, welche Schraube ich drehen musste.“ Ist das nicht eine geniale Geschichte?! Die meisten Menschen unterschätzen einfach ihre eigene Expertise. Sonst würden sie sich ganz anders verkaufen.

Also: Das Wichtigste ist dein Cashflow! Du hast schon alles, was du dazu brauchst. Deine Expertise ist sozusagen dein Startkapital. Jetzt musst du den ersten Kunden gewinnen. Dann den zweiten und den dritten. Du musst anschieben, bis der Motor deines Geschäfts anspringt. Die ersten drei sind die wichtigsten und schwersten. Und wenn du drei Kunden gewonnen hast, dann kannst du auch 30 gewinnen.

Danach wird es leichter. Denn du wirst besser und besser darin werden, das Geld zu bewegen. Also, jetzt wünsche ich dir viel Spaß dabei. Goodbye Business-Wüste und Hello Geldregen!

Und im nächsten Kapitel erzählt dir Mara, wie du endlich der Star in deinem Business wirst!

Trau dich, ein Star zu sein (Mara)

Wir sind am Flughafen von L.A. Es ist September 2015 und ich warte auf meinen Flieger. Plötzlich entdecke ich jemanden – es muss eine Hollywood-Schauspielerin sein. Sie kommt mit ihrer verdammt coolen Sonnenbrille und einem unglaublich lässigen Hüftschwung den Gang entlang auf mich zu. Ihr Lächeln ist einfach umwerfend. Glamour umweht ihre Silhouette. Wer ist sie? Ich würde gerne mit ihr sprechen, sie nach ihrem Geheimnis fragen.

Ich lächle sie mutig an und sie lächelt ebenfalls. Sie blickt mich über den Rand ihrer Sonnenbrille an, ich mache es ihr nach.

Plötzlich durchfährt es mich wie ein Blitz!

Hey, das bin ja ich! Ich bin diese unglaubliche Lady, die da vor mir steht. Ich staune mein Spiegelbild an.

Das passiert also mit dir, wenn du deinen Traum lebst.

Wie das alles gekommen ist, werde ich dir in diesem Kapitel erzählen und ich hoffe, dass es dich inspiriert, auch der Star in deinem Leben zu werden.

DER MAGISCHE ROAD TRIP

Es war im März 2015 – ich war bereits seit über einem Jahr selbstständig – und hinter mir lagen die beiden schlechtesten Monate, die ich in meinem Business jemals erlebt hatte. Ich hatte nur 1.500 Euro Umsatz gemacht. Ersparnisse hatte ich auch keine und die finanziellen Ängste raubten mir den Schlaf. Außerdem hatte ich mich gerade getrennt. Kurz gesagt: Ich durchlebte einen kompletten Durchhänger. Da traf ich zufällig Marie in Santa Fe, New Mexico, wieder und diese Begegnung sollte einen großen Stein ins Rollen bringen.

Marie und ich hatten uns 2011 auf einem Seminar kennengelernt und dann ein paar Jahre aus den Augen verloren. Sie war in die USA gegangen und hatte sich ein Geschäft als Unternehmerin aufgebaut.

Genau wie ich befand sich Marie im März 2015 gerade in einer Krise: Sie war in Scheidung, hatte ihre Geschäfte geschlossen und sich zwischenzeitlich wieder eine Anstellung gesucht. Wir standen beide im Business und im Leben nicht dort, wo wir stehen wollten.

Nach dem Seminar fuhren wir ein Stück auf der Route 66. Ich weiß nicht mehr, wer von uns beiden es dann ausgesprochen hat, jedenfalls hatten wir denselben Gedanken: „Lass uns einen Road Trip auf der Route 66 machen!"

Diese Idee war ein lang gehegter Traum von mir. Die Route 66 ist eine der ältesten Verbindungsstraßen und durchquert die USA von Osten nach Westen. Wir wollten von Texas über New Mexico, Arizona bis Kalifornien reisen. Als krönenden Abschluss würden wir nach L.A. an den Santa Monica Peer fahren und uns den Sonnenuntergang anschauen.

Ungefähr einen Monat später sprachen Marie und ich über Skype. Ich hatte schon mal nach günstigen Flügen geguckt. Heute fliege ich Business Class und nehme den kürzesten, angenehmsten Flug. Doch damals bin ich nur Economy Class geflogen und habe das billigste Angebot genommen, egal, ob ich dafür stundenlang an irgendeinem Flughafen warten musste. Ich hatte unglaubliche Angst, diesen Road Trip zu machen und dachte: „Wie soll das gehen? Wovon soll ich leben? Ich habe einfach nicht genug Ersparnisse, um das machen zu können!" Und trotzdem waren da diese Begeisterung und ein Kribbeln in meinem Bauch, das ich nicht mehr ignorieren wollte.

Also fragte ich Marie mutig: „Wie sieht es aus, machst du mit?" Und dann tat Marie etwas, was mich wirklich beeindruckte. Sie sagte einfach: „Ja!" Damals war sie ja wieder angestellt und hatte auch keine großen Ersparnisse. Aber sie sagte einfach: „Ja. Ist mir egal, dann kündige ich eben."

Ihre Entscheidung war ganz klar und wir beide wussten: Diese Reise ist genau das Richtige für uns. Richtige Entscheidungen spürst du in deinem Herzen und dann musst du nur noch den Sprung wagen und es tun. Und am besten sofort, denn sonst kommen schnell die Zweifel und sagen dir: „Moment mal, wie soll denn das gehen?"

WAGE DEN SPRUNG INS UNGEWISSE!

Genau das ist die Stärke, die vor allem wir Frauen in uns haben. Wir gehen ins Ungewisse und wissen nicht, was passiert. Aber wir folgen mutig unserer Intuition.

Also habe ich einen Flug gebucht und zwei Monate später, Anfang Juli 2015, holte mich Marie am Flughafen von Houston, Texas ab.

Alles war so aufregend. Zum ersten Mal habe ich mich wirklich vollkommen frei gefühlt. Wir haben uns einfach nur jeden Tag gefragt: Was machen wir jetzt? Worauf haben wir Lust? Aber wir mussten natürlich auch Geld dabei verdienen, denn Marie hatte keine Ersparnisse und meine finanziellen Mittel waren auch sehr beschränkt.

Wenn du deiner Abenteuerlust folgst, dann passieren fantastische Dinge.

Wir sind quer durchs Land gefahren und haben unsere Stopps in den Starbucks Cafés gemacht, denn Marie bekam dort als ehemalige Mitarbeiterin noch Rabatt. So ganz ohne Druck haben wir uns dann gefragt: Worauf haben wir jetzt wirklich Lust? Unsere Antwort war klar: Wir wollen Menschen inspirieren, Spaß haben, dabei Geld verdienen und unser Business richtig wachsen lassen. Also haben wir erst einmal ein Webinar geplant, um neue Kunden zu gewinnen.

Im Starbucks fingen wir an, Listen von Leuten zu machen, die sich für uns und unser Business interessieren könnten – und riefen sie dann einfach an. An jedem Ort, an dem wir Halt machten, lernten wir Leute kennen und luden sie ebenfalls zum Webinar ein.

Das, was wir damals ganz intuitiv gemacht haben, ist für mich die Essenz von weiblichem Unternehmertum. Das heißt, wir haben mit dem, was uns begeistert, anderen Menschen gedient.

Du kannst in jedem Augenblick und an jedem Ort der Welt Business machen. Alles, was du dazu brauchst, ist eine gute Idee, deine Begeisterung und die Verbindung mit anderen Menschen.

Auf unserem Road Trip bis nach L.A. machten wir viele Fotos und posteten sie auf Facebook. Unsere Freunde, Follower und Fans waren begeistert. Sie schrieben uns: „Wie habt ihr das geschafft?“ und „Wir wollen das auch machen!“

Dieses Abenteuer hat mich damals richtig rausgerissen aus dem Alltag. All die unnötigen Dramen und Sorgen verloren auf einmal ihre Bedeutung. Ich wollte nur noch dieses unbeschreibliche Gefühl der Begeisterung leben und durchstarten.

DIE GEBURT DES „FIRESTARTER COACHING-PROGRAMMS“

In L.A. angekommen, mieteten Marie und ich uns eine Wohnung direkt über dem *Hollywood Drive*. In den letzten Wochen hatten wir viel losgelassen: alte Glaubenssätze, Verletzungen und Ängste. Jetzt saßen wir hier in Hollywood in dieser wunderschönen Wohnung und fühlten uns rundherum wohl.

Und dann kam mir die Idee, ein Coaching-Programm für Frauen zu entwickeln, die – genauso wie wir – auf weibliche Art ihr Business wachsen lassen und ihren Cashflow ins Laufen bringen wollten. Wir nannten das Programm „Firestarter“. Das erste Konzept habe ich in genau einer Stunde entwickelt. Es war plötzlich alles sehr einfach und sehr klar. Ich wusste genau, was die nächsten Schritte waren. Marie sagte später, es sei wie ein „Download“ gewesen. So hat sich das auch angefühlt. Alles, was ich tun musste, war, mich zu entspannen und die Ideen zu empfangen.

BUSINESS MIT BEGEISTERUNG

Es gibt für mich zwei Arten, Business zu machen: mit dem Kopf und mit dem Herz.Wenn du deine Arbeit nur machst, weil du Geld verdienen musst, dann ist das eine Kopfsache. Aber wenn du deiner Begeisterung und deiner Abenteuerlust folgst, dann strömt die Kraft dazu aus deinem Herzen und das Geld wird auf eine viel natürlichere, leichtere Art zu dir kommen.

Wenn du dein Leben auf der Basis von Mut, Inspiration und Begeisterung führst, dann wirst du immer versorgt sein. Es geht gar nicht anders, denn wenn du so authentisch lebst, bist du für viele Menschen sehr anziehend, sie werden daran teilhaben und von dir lernen wollen.

SEI MUTIG

Jeder Mensch könnte so leben. Leider kommt bei vielen immer wieder diese Stimme dazwischen, die sagt: „Ja, **aber** ich muss ja Geld verdienen. Ja, **aber** was werden die anderen sagen. Ja, **aber** …“ Wenn du auf diese Stimme hörst, dann wirst du dein Leben auf der Basis von Angst führen. Geld verdienen ist dann schwierig und mühsam.

Meine Erfahrung ist: Jedes Mal, wenn ich im Business eine Entscheidung aus Angst heraus getroffen habe, hat das nicht funktioniert. Die Ergebnisse waren nicht stimmig und ich habe dadurch einfach unnötige Umwege gemacht.

Du kannst spüren, ob du eine Entscheidung aus Angst oder aus Begeisterung heraus triffst.

Wenn sich bei einer Entscheidung dein Bauch zusammenkrampft oder du angespannt bist, dann ist das ein Zeichen von Angst. Wenn dagegen dein Bauch kribbelt, du eine Gänsehaut bekommst oder einfach anfängst, zu lächeln, dann sind das Zeichen für Begeisterung. Je mehr du lernst, auf diese Zeichen zu hören und vor allem, sie richtig zu interpretieren, desto klarer wirst du deine Entscheidungen aus Begeisterung heraus treffen und kannst dir die Umwege sparen, die dich nur Zeit, Geld und Energie kosten.

Auf diesem Road Trip habe ich auch einen positiven Glaubenssatz ganz tief in mir verankert:

Das Universum ist ein guter Ort und mir immer wohlgesonnen.

Viele Menschen haben ja Angst, ihrer Sehnsucht zu folgen, weil sie fürchten, eins draufzubekommen. Aber warum sollte das Universum erst diese Wünsche in dir säen und dich dann daran hindern, sie zu erfüllen?

Dahinter stecken nur alte Glaubenssätze, wie: „Wenn du etwas erreichen willst, dann musst du dafür hart arbeiten" oder „Wenn ich es mir gut gehen lasse, dann hat das irgendwelche negativen Folgen". Von diesen Gedanken habe ich mich damals auf der Route 66 verabschiedet. Ich habe sie Kilometer für Kilometer von mir geworfen.

Was ich damals erkannt habe, war so simpel wie genial: Eigentlich ist alles schon da. Nur die negativen Glaubenssätze hängen zwischen dir und deinen Wünschen. Je entspannter und zuversichtlicher ich war, desto leichter kamen die Ideen und Lösungen zu mir.

ALS FRAU ERFOLGREICH IM BUSINESS UND ERFÜLLT IM PRIVATLEBEN

Einer der größten negativen Glaubenssätze, der uns Frauen zurückhält, wirklich unser volles Potenzial zu leben, ist: „Wenn ich als Frau erfolgreich im Business bin, dann muss ich privat Abstriche machen und kann nicht auch noch eine glückliche Partnerschaft führen." Der Satz ist gesellschaftlich so tief verankert, dass viele Frauen denken, sie können nicht parallel einen Partner haben, noch dazu Mutter und auch erfolgreich im Business sein. Klar, es ist eine große Herausforderung, alles unter einen Hut zu bekommen. Aber der einzige Mensch, der dir sagen kann, ob das möglich ist oder nicht, bist du selbst. Denn nur DU hast die Power über dein Leben. Wenn du deiner Begeisterung folgst, dann kommen die Dinge deutlich leichter zu dir. Und wenn viele Menschen ihrer Begeisterung folgen, dann ist das wie der Himmel auf Erden. Stell dir das vor: Alle um dich herum sind happy, entspannt und verdienen ihr Geld mit dem, was sie lieben.

WEIBLICHES BUSINESS LEBT VON LEICHTIGKEIT UND SCHÖNHEIT

Wenn du mal ein Seminar nur mit Frauen erlebt hast, hast du es sicher gespürt: Die weibliche Energie ist anders als die männliche. Die weibliche Kraft zeigt sich in Schönheit und Leichtigkeit, und sie ist deine größte Power. Mit ihr kannst du in Lichtgeschwindigkeit Dinge schaffen.

Aber gerade Frauen fühlen sich oft verpflichtet, die Probleme anderer zu lösen und sozusagen „den Doktor" für alle zu spielen. Bei mir ging das bereits ganz früh los. Meine Eltern waren äußerst jung, als sie mich bekamen. Schon mit drei, vier Jahren fing ich an, die Erwachsene in unserer Familie zu sein. Dieses Muster zog sich durch mein ganzes Leben. Je näher mir ein Mensch stand, desto mehr Last wollte ich ihm von den Schultern nehmen.

Nur habe ich mich dadurch immer schwerer und schwerer gefühlt, bis ich irgendwann verstanden habe: Du kannst anderen ihre Probleme nicht abnehmen. Du kannst nur gut für dich selber sorgen und dadurch die anderen inspirieren, es auch zu tun.

Und wie inspirierst du Menschen am besten? Ganz einfach: Werde ein Star in deinem Leben und deinem Business.

WERDE EIN STAR!

Wenn du Madonna oder Alicia Keyes auf der Bühne tanzen und singen siehst, dann weißt du: Sie sind Stars. Sie leuchten, sie strahlen und bewegen Tausende von Menschen in einem Konzert und erfüllen sie mit Euphorie. Was kann es Schöneres geben, als auf diese Art anderen mit seinem Talent zu dienen?

Aber wie wirst du ein Star in deinem Business und deinem Leben?

Ein Star wirst du, indem du nur noch deine Lebensaufgabe lebst. Du folgst dem, was dich begeistert und was deiner Energie entspricht. Du lebst dein volles Potenzial.

Das Erste, was du auf deinem Weg zum Star machen darfst, ist: Löse deine innere Handbremse. Du musst dich nicht mehr zurückhalten.

Wenn du Rockstars auf der Bühne siehst, dann spürst du es: sie halten nichts mehr zurück. Sie leben ihr volles Potenzial und zeigen sich so, wie sie sind. Und das Beste daran: Die Menschen lieben sie dafür!

Früher, als Unternehmensberaterin, habe ich versucht, alles richtig zu machen und eine perfekte Businessfrau abzugeben. Aber ich war nie, nie vorher so erfolgreich und habe so viel verkauft wie nach dem Road Trip, als alle meine Freunde, Fans und Follower mich so gesehen haben, wie ich wirklich bin: Spontan, enthusiastisch, federleicht und mutig!

Und ich habe gemerkt: Sie lieben mich genau dafür und nicht für irgendeine Maske oder ein Kostüm. Es ist ein wunderbares Gefühl, sich so zu zeigen. Es macht auch große Angst, keine Frage, denn du kannst dich nicht mehr verstecken. Aber wenn du den Sprung wagst, merkst du: Es ist auch gar nicht mehr nötig, sich zu verstecken.

Du bist genau richtig, so wie du bist.

Viele von uns bekommen zu hören: Sei nicht so laut, so lustig, so frech, so spontan … Das geht schon sehr früh in der Familie und in der Schule los. Und dann lässt man sich einschüchtern und fängt an, sein wahres Ich zu verstecken.

Da gibt es verschiedene Strategien: Entweder du versuchst, dich unsichtbar zu machen oder du legst dir eine Rolle zu, die du ab jetzt spielst. Du bist die „Nette", die „Brave", die „Fleißige", die, „die alles unter Kontrolle hat"…

Aber es ist keine erfüllende Rolle, sondern mehr so etwas wie ein Schutzpanzer oder eine Fassade. Nach und nach merkst du: dein Feuer erlischt. Du verlierst deine Begeisterung und auch Erfolge können dich nicht wirklich berühren, weil du einfach nicht als die anerkannt wirst, die du eigentlich bist.

Wir alle haben Angst, uns zu zeigen, vor allem, wenn wir eher sensibel veranlagt sind. Aber soll ich dir etwas sagen: Du bist nicht alleine damit. Das geht jedem so und selbst erfahrene Schauspieler kämpfen immer wieder mit Lampenfieber.

Ob du es glaubst oder nicht: Bis Mitte 20 war ich sehr schüchtern. Und deshalb habe ich mir dann angewöhnt, besonders tough und cool im Business zu wirken. Warum? Ich wollte einfach nicht verletzt werden. Doch gerade wir Frauen nehmen uns damit unsere natürliche Kraft, denn wir sind sensibel und intuitiv.

Je offener und verletzlicher du dich zeigst, desto erfolgreicher bist du.

Kaum zu glauben, aber es ist wahr: Verletzlichkeit ist sehr, sehr attraktiv. Warum sonst schmelzen wir dahin, wenn sich ein Star in einem Interview öffnet oder auf einem Konzert mit bewegter Stimme sagt: „Dieses Lied widme ich meiner Mutter." Verletzlichkeit ist eines der menschlichsten Geschenke, die wir besitzen. Kein Computerprogramm kann das ersetzen. Wenn ein Mensch sich öffnet, dann haben wir automatisch Respekt vor seinem Mut.

Werde dir klar, was für ein wundervoller und liebenswerter Mensch du im Inneren deiner Seele bist.

Schritt Nummer eins ist: Lerne dich selber kennen. Und dann beginne, dich zu zeigen. Je nachdem, wie du bist, machst du das in kleinen oder großen Schritten, so wie es für dich passt. Du kannst dich heute auf so viele Arten zeigen. Im Internet gibt es eine große Auswahl an Medien, sei es durch Blogartikel, Videos, Fotos oder andere Beiträge.

Und auch im täglichen Leben kannst du dich jeden Tag etwas mehr zeigen, indem du die Kleidung anziehst, auf die du wirklich Lust hast, den Lifestyle lebst, der dich anmacht und mit den Menschen zusammen bist, die dich genau so lieben, wie du bist.

ÜBERWINDE DIE ANGST, DICH ZU ZEIGEN

Gerade wir Frauen zögern viel zu oft, uns wirklich zu zeigen. Diese Angst sitzt sehr tief und hat auch geschichtliche und kulturelle Gründe. Machen wir eine kleine Reise in die Vergangenheit: Über viele Millionen von Jahren waren Frauen abhängig vom Schutz durch andere – vor allem durch den Mann, den Vater und die Dorfgemeinschaft. Es gab lange Zeit keine Polizei und Behörden, Verfassungen und Rechtsprechungen, um uns zu beschützen – und auch heute ist das ja in vielen Ländern noch nicht so.

Als Frau konntest du nicht einfach alleine jagen gehen und für das Überleben sorgen. Außerdem waren wir körperlich den viel stärkeren Männern unterlegen. Wenn du als Frau etwas getan hast, womit dein Stamm oder deine Dorfgemeinschaft nicht einverstanden waren, wurdest du kurzerhand aus der Gemeinschaft ausgeschlossen und das bedeutete damals den sicheren Tod.

Im Mittelalter wurde die Situation der Frauen sogar noch schlimmer. War eine Frau zu schön, zu intelligent oder zu frei, konnte sie schnell auf dem Scheiterhaufen landen und als Hexe verbrannt werden.

All das klingt wie aus einer fernen Vergangenheit, aber auch heute noch gibt es viele Länder, in denen Frauen um ihr Leben fürchten müssen, wenn sie in die Schule oder arbeiten gehen wollen.

Dadurch sind gewisse Ängste in unseren Genen und in unserem Gehirn als Schutzprogramm abgespeichert. Wenn wir in eine Stresssituation kommen, dann handeln wir meist nicht aus unserem freiem Willen heraus, sondern wir spulen dieses Programm ab und schalten sozusagen auf Autopilot.

Doch wenn du als Frau im Business dein volles Potenzial entfalten willst, dann ist es jetzt an der Zeit, mit diesen alten Ängsten aufzuräumen. Und der erste Schritt ist immer, dir bewusst zu machen, dass diese Ängste einmal eine Berechtigung hatten, um dich zu schützen, aber heute für dich nicht mehr nötig sind.

WIE DU DEINE ÄNGSTE ÜBERWINDEST

Die gute Nachricht: Mit den folgenden drei Schritten kannst du deine Ängste überwinden.

1. **Erkenn dich an. Sag „Ja“ zu dir, liebe und respektiere dich selbst.** Wenn du dich wertschätzt und liebst, dann kann daran keiner mehr rütteln. Also pflege deine Liebe zu dir selbst, achte auf dich, als wärst du deine beste Freundin. So stärkst du dich automatisch gegen die Ängste.

2. **Erkenne, dass die Angst früher eine berechtigte Schutzfunktion hatte.**
   Damals war es durchaus sinnvoll, nicht zu sehr aufzufallen und sich im besten Fall unsichtbar machen zu können. Das gesellschaftliche System war so gebaut und letztlich wollte dich deine Angst nur vor Schlimmerem bewahren.

3. **Erkenne, dass die Angst heute unnötig ist und lasse sie los.**
   Wir leben heute in einem sicheren Land mit Regeln und Gesetzen. Du brauchst in unserer heutigen Zeit diese alten Ängste nicht mehr haben und kannst sie einfach loslassen.

DER KRÖNENDE ABSCHLUSS UNSERES ROAD TRIPS

Das Beste kommt ja noch. Marie und ich haben es geschafft, Norbert nach L.A. zu holen. Wir verbrachten noch ein paar unvergessliche Tage in Hollywood und bereiteten das „Firestarter Coaching-Programm“ vor. Am Tag unseres Rückflugs nach Europa stellten wir es online und die Leute konnten es kaufen.

In der Wartehalle am Flughafen prüften wir neugierig den aktuellen Stand auf Facebook und trauten unseren Augen nicht: Die Anmeldungen zu unserem Firestarter-Programm flatterten nur so herein und es machte „bing, bing, bing“ ...

Ob du es glaubst oder nicht: Wir verdienten an diesem Tag 20.000 Euro in einer Stunde. Das war für mich damals ein Vermögen!

Norbert und ich wurden wirklich die Stars in unserem Business – und unser Leben hat sich seitdem noch einmal rasant verbessert.

Deshalb will ich dir hier ans Herz legen: Wenn du schon lange einen Wunsch in deinem Herzen hegst, so wie ich diesen Road Trip – dann zögere nicht länger und erfülle ihn dir. Ich bin mir sicher: Es wird dein Leben verändern!

Im nächsten Kapitel erzählt dir Norbert, wie du vom Star zur Queen upgradest.

Viel Spaß und alles Liebe,

Deine Mara

Hör auf, hart zu arbeiten und werde reich! (Norbert)

Machen wir mal einen kleinen Ausflug in die Welt von 1001 Nacht. Stell dir vor, du findest so eine Wunderlampe wie die von Aladdin. Sie ist etwas verstaubt und du polierst sie sauber. Dann kommt der Dschinni aus der Lampe geschlüpft und sagt dir: „Gratuliere! Du hast einen Wunsch frei!"

Du meinst: „Also, eigentlich will ich einfach nur reich sein – und zwar für immer. Nicht wie bei dem Lotto-Gewinn, der nach einem Jahr verprasst ist. Am liebsten wäre ich gerne eine erfolgreiche, reiche Businessfrau."

Der Dschinni verneigt sich und sagt: „Dein Wunsch sei mir Befehl. Du musst nur immer diese Regel befolgen: Verhalte dich wie eine Königin und hör auf, hart zu arbeiten. Dann wirst du als Frau immer reich und erfolgreich sein."

Du denkst jetzt vielleicht: „Wie bitte!? Wie soll das denn gehen? Im Gegenteil! Ich müsste noch viel mehr arbeiten, aber ich kann nicht mehr. Ich bin am Anschlag!!!"

Der Dschinni guckt dich etwas irritiert an: „Was ist denn dein Ziel? Willst du möglichst schnell schlapp, fertig, ausgebrannt und richtig mies drauf sein? Dann solltest du definitiv noch mehr arbeiten und am besten Jobs machen, die dich total nerven! Wenn du aber gerne eine entspannte, strahlende und erfolgreiche Businessfrau sein, ein cooles Leben führen und super drauf sein willst, dann solltest du definitiv weniger arbeiten."

Du sagst: „Das ist doch komplett verrückt! Wie soll denn das gehen?"

Aber der Dschinni erklärt dir erstaunt: „Im Gegenteil. Total verrückt ist es, dass so viele Menschen wie irre schuften und der Spaß und die Entspannung dabei komplett zu kurz kommen!"

HÖR AUF, (HART) ZU ARBEITEN

Hi, ich bin's, euer Norbert. Und ich kann alles, was der Flaschengeist sagt, nur unterschreiben. Bei Mara habe ich es immer wieder gesehen und sie sagt es auch selbst: Als sie noch hart und viel gearbeitet hat, war sie irgendwie immer erschöpft.

Das konnte so nicht weitergehen. Also haben wir nach einer Lösung gesucht. Und die war eigentlich ganz einfach: Mehr Spaß, mehr Entspannung und weniger Schuften. Schon begann Mara, wieder aufzublühen.

Männer und Frauen arbeiten verschieden. Gerade für viele Frauen, so wie Mara, ist hartes Arbeiten einfach nicht der richtige Weg.

> *Du musst dich gut um dich selbst kümmern – denn du bist dein größter Wert!*

Mara ist ja ihre eigene Marke. Und wie alle Menschen, die Personal Branding betreiben, ist sie selbst in ihrem Business ihr größter Wert. Und auch, falls du nicht deine eigene Marke bist, so bist du doch diejenige, die ihrem Business die Energie und Ausstrahlung verleiht. Und genau deshalb ist es auch so wichtig, dass es dir gut geht. Stell dir vor, Mara würde auf ihren Videos total müde und platt aussehen. Das wäre doch keine Inspiration. Deshalb hat sie eine große Disziplin darin entwickelt, es sich selbst gut gehen zu lassen.

ES SICH GUT GEHEN ZU LASSEN, IST DIE KÖNIGSDISZIPLIN

Du fragst jetzt vielleicht: „Wieso ist das eine Disziplin? Es ist doch total schön und einfach, es sich gut gehen zu lassen!" Klar, eigentlich ist es einfach. Aber viele Frauen behandeln sich eben nicht wie Königinnen. Sie gönnen sich keine Massage oder Maniküre. Dasselbe gilt natürlich auch für Männer: Ein guter Haarschnitt und ein neues Hemd machen gleich einen ganz anderen Eindruck.

Ich habe im Laufe der Jahre immer wieder denselben Satz gehört: „Ich muss erst noch hart arbeiten, bevor ich das verdient habe. Wenn ich dann mal Erfolg habe, gönne ich mir das alles."

Es ist aber genau umgekehrt: Wenn du Erfolg haben willst, musst du es dir JETZT gut gehen lassen! Denn dadurch bekommst du eine andere Ausstrahlung und bist inspirierend für andere. Und dann kommt auch der Erfolg.

Guck dir mal Hollywood-Größen wie Julia Roberts oder Meryl Streep an. Diese Frauen lassen es sich gut gehen. Sie müssen für ihren Beruf fabelhaft aussehen und deshalb haben sie eine große Disziplin darin entwickelt, sich zu pflegen, sich wertzuschätzen und gut drauf zu sein.

Hast du schon mal ein Interview mit so einer Hollywood-Größe gesehen, die schlecht drauf war? Das gibt es einfach nicht! Diese Frauen sind ihre eigene Marke und deshalb investieren sie auch so viel wie möglich in ihre Gesundheit, ihr seelisches Gleichgewicht, ihren Stil und ihre Ausstrahlung.

„NEIN" SAGEN HAT EINE GROSSE POWER

Jobs anzunehmen, die dir keinen Spaß machen, ist überhaupt nicht effektiv. Überleg mal: Alles, was wir nicht gerne tun, fällt uns schwerer, kostet uns mehr Energie und ist somit viel anstrengender. Umgekehrt ist es mit den Dingen, die wir gerne tun. Die erledigen wir schnell, mit Spaß und Inspiration.

Also sag „Nein" zu Jobs und Verpflichtungen, die dir überhaupt keinen Spaß machen und die du nur des Geldes wegen machst. Sag „Nein" zu einer Arbeitsatmosphäre, in der du immer nur Druck abbekommst und dich gestresst fühlst. Und sag „Nein" zu bestimmten Glaubenssätzen.

Arbeit muss keine Schufterei sein!

Du musst nicht erst hundert Jahre leiden und das Aschenputtel sein, bevor du Königin wirst. Wenn du eine Königin sein willst in deinem Business, dann kannst du heute damit anfangen!

Stell dir eine Königin vor. Also nicht die Stiefmutter von Schneewittchen, sondern eine richtig coole und einflussreiche Frau. Ich denke an tolle Unternehmerinnen wie Oprah Winfrey („The Oprah Winfrey Show"), Arianna Huffington („Huffington Post"), Elizabeth Gilbert („Eat, Pray, Love") und Byron Katie („The Work"). Das sind Frauen, die sehr, sehr erfolgreich sind. Und sie haben eine entsprechende Ausstrahlung.

Was wäre, wenn Oprah total fertig und unausgeschlafen zu ihrer Show kommen, sich mit mieser Laune in den Sessel lümmeln und sagen würde: „Leute, heute bin ich einfach schlecht drauf."

Klar, das ginge gar nicht. Die Show wäre ein totaler Reinfall. Wie gesagt, es ist eine unglaubliche Disziplin, die diese Damen an den Tag legen. Aber es ist keine Disziplin so nach dem Motto: „Ich schlafe nicht, ich arbeite hart und hab für nichts Zeit".

Es ist die Disziplin zu sagen: „Das und das brauche ich jeden Tag, damit ich gut drauf bin und es mir gut geht. Das und das braucht mein Team, damit es ihm gut geht und alle eine tolle Arbeit machen."

> *Frauen haben die größte Kraft und Ausstrahlung, wenn sie auf weibliche Art ihr Business führen.*

Wenn du richtig erfolgreich und glücklich leben willst, dann musst du erst mal wissen, was dich glücklich macht und dafür sorgen, dass du es regelmäßig bekommst.

Das kann alles Mögliche sein: Regelmäßig zur Massage und zur Kosmetikerin gehen, dir ein schönes Kleidungsstück leisten, mit Freundinnen einen Spa-Tag machen, Yoga, Tanzen, Musik hören …

Und natürlich sollten auch die essenziellen Dinge nicht fehlen: Genug schlafen, gesund und lecker essen, viel Wasser trinken und Fitness machen.

WAS DIR GUT TUT, BRINGT DIR AUCH GELD

Wenn du mal googelst, wie viel eine Schauspielerin für einen Besuch auf der Oscar-Verleihung ausgibt, dann wirst du vielleicht staunen. Es sind immer mindestens 5-stellige Beträge. Sie muss top gestylt, in einem Designerkleid, ausgeruht, gut drauf und strahlend dort erscheinen. Denn dieser eine Auftritt auf dem roten Teppich bringt ihr so viel Publicity, dass sie sich vielleicht damit die nächste Rolle mit Millionen-Gage angelt.

Und das ist eben das Geheimnis der echten Businessköniginnen. Sie wissen: Alles, was sie investieren, kommt mindestens 10-fach zu ihnen zurück.

Allerdings nur, wenn du es gerne und ohne Angst investierst. Wenn du denkst: „Oh Gott, oh Gott, so viel Geld, ich fühl mich total schlecht", dann wird das nicht funktionieren. Lass die Schuldgefühle weg. Du bist die Königin in deinem Business und du hast es verdient, ein königliches Leben zu führen.

DEINE GUTE LAUNE IST MILLIONEN WERT

Ob du es glaubst oder nicht: Je besser du drauf bist, desto mehr wirst du verdienen. Wie gesagt: Hast du schon mal eine Schauspielerin mit hängenden Schultern und schlechter Laune über den roten Teppich schlurfen sehen? Sicher nicht. Diese Ladies wissen genau, wie viel ihr Gut-drauf-Sein wert ist. Vielleicht denkst du jetzt: „Ja, klar, wenn ich zu den Oscars eingeladen wäre, hätte ich auch super Laune." Aber das Ding ist:

> *Die gute Laune kommt nicht mit dem roten Teppich – der rote Teppich kommt mit der guten Laune!*

Mara ist wirklich eine Expertin in Sachen gute Laune. Egal, was passiert und welchen Herausforderungen sie sich gerade stellen muss: sie bleibt gut drauf. Und wenn sie wirklich mal nicht gut drauf ist, dann nimmt sie sich eine Auszeit und sorgt dafür, dass ihre Batterien wieder aufgeladen werden.

Schlecht drauf sein kommt ja davon, dass man nicht bekommt, was man gerne hätte. Aber das Verrückte ist: Wenn du gut drauf bist, bekommst du spielend alles, was du willst. Es ist die schlechte Laune, die die guten Dinge von dir fernhält.

Schau, was du brauchst, um erfüllt und zufrieden zu sein – und dann hol es dir! Plane regelmäßige Massagen ein oder Spa-Tage mit deinen Freundinnen.

Jetzt sagst du vielleicht: „Aber wie soll ich mir denn das alles leisten, was mir guttun würde?"

Viele Frauen haben Angst davor, Geld auszugeben. Vor allem, wenn es darum geht, in sich selber zu investieren. Dabei fängt damit alles an! Du bist dein größter Wert und alles, was du in dich selbst investierst, wird sich in deinem Business widerspiegeln.

Wenn du mit Unternehmern sprichst, die täglich Millionen bewegen, dann werden sie dir alle bestätigen: DU entscheidest, ob du dir etwas leisten kannst.
Wenn du Millionen verdienen willst, brauchst du auch das Mindset einer Millionärin. Das ist zum Beispiel ziemlich gut beschrieben in dem Buch „So denken Millionäre: Die Beziehung zwischen Ihrem Kopf und Ihrem Kontostand" von T. Harv Eker.

Du bist die Königin in deinem Business und du entscheidest, was du dir leisten kannst.

Es ist eigentlich ganz einfach: Wenn du denkst: „Das geht nicht", dann wird es auch nicht gehen. Aber wenn du denkst: „Ja, das kriege ich hin", dann öffnet dir das ganz andere Wege.

Oft habe ich gedacht: „Ich weiß noch nicht, wo das Geld herkommen soll, aber ich weiß, die Investition ist jetzt richtig und deshalb werde ich auch das Geld dafür verdienen". Und es hat immer geklappt. Kaum hatte ich entschieden: „Ich mache das jetzt", kam ein neuer Auftrag herein oder ich wusste plötzlich, wie ich das Geld bewegen konnte.

So sehe ich das auch bei Mara. Sie ist sehr mutig und trifft täglich wirklich große Entscheidungen. Und wenn sie sich einmal entschieden hat, dann blickt sie nicht mehr zurück, sondern bleibt dabei. Deshalb erreicht sie auch alles, was sie sich vornimmt. Dazu fällt mir ein tolles Zitat von Jeanne d'Arc ein, das Mara auch sehr mag. Jeanne d'Arc oder Johanna von Orleans hat sich ja dem Unmöglichen gestellt und als Frau im Mittelalter ein ganzes Heer angeführt. Sie soll einmal gesagt haben: „Ich habe keine Angst. Ich wurde dazu geboren."

TRIFF KLARE ENTSCHEIDUNGEN UND BLEIB DABEI

Stell dir eine Königin vor, die ihrem Volk heute sagt: „Ab jetzt fahren wir alle auf der linken Straßenseite" und nach einer Woche sagt sie: „Sorry, Volk, ich hab's mir anders überlegt, wir fahren jetzt wieder alle auf der rechten Straßenseite."

Das Volk würde sie ziemlich schnell nicht mehr ernst nehmen und hätte auch kein Vertrauen mehr in ihre Entscheidungen. Das Volk sind im übertragenen Sinne dein Team und deine Business-Partner. Wenn du wirklich reich werden willst, dann triff klare Entscheidungen und steh dazu. Lass dich nicht verunsichern, sondern zieh es durch.

„Als Selbstständiger musst du selbst und ständig arbeiten?" Stimmt nicht!

Das ist so ein weit verbreiteter Glaubenssatz. Für mich stimmt er ganz und gar nicht. Wenn du ständig alles selber machst und nur noch am Arbeiten bist, dann fehlen dir einfach ein paar Faktoren, um in deinem Business zu wachsen. Am Anfang muss man tatsächlich fast alles selbermachen. Aber dann kommt der Moment, in dem du Aufgaben abgeben musst, damit dein Unternehmen wachsen kann. Du brauchst ein Team und ein gutes System, mit dem du auch Geld generierst, ohne ständig dafür zu schuften.

So war das bei Mara und mir auch. Erst hat jeder für sich etwas aufgebaut. Dann haben wir uns als Business-Partner zusammengetan. So konnten wir schon mal die Aufgaben zwischen uns aufteilen. Wir haben ein System entwickelt, mit dem wir viele Prozesse, wie die Kundengewinnung, automatisiert haben, und Produkte, die wir einmal herstellen und dann unbegrenzt verkaufen können. Damals haben wir einen großen Sprung in unserem Business gemacht und erstmals 6-stellige Umsätze verbucht. Dann kam 2016 erst unsere Assistentin Lena und später unser restliches Team dazu. So haben wir schließlich den Sprung ins 7-stellige Business gemacht.

HOL DIR UNTERSTÜTZUNG VON PROFIS

Mara und ich hören ja oft in Coachings: „Nein, nein, das schaff ich alleine“ oder „Ich brauche da keine Hilfe“. Das klingt oft so, als sei es etwas Peinliches, um Hilfe zu bitten. Aber es ist genau das Gegenteil! Jeder erfolgreiche Profi hat mindestens einen Coach und holt sich ständig irgendwo Unterstützung. Und das ist genau der Grund, warum manche Leute so schnell vorankommen.

Das sind meiner Meinung nach die häufigsten Glaubenssätze, die den Erfolg „erfolgreich“ verhindern:

1. *„Ich muss es alleine und als Einzelkämpferin schaffen. Denn niemand macht die Arbeit so gut wie ich.“*

2. *„Ich vertraue niemandem und nehme keine Hilfe von einem erfahrenen Coach an. Denn nur ich selber weiß, was für mich gut ist.“*

Wenn du bei einem der beiden Sätze gedacht hast: „Auweia, das denke ich auch!“, dann mach dich am besten gleich daran, diese Glaubenssätze zu bearbeiten. Wie das geht, kannst du im Kapitel 9 nachlesen.

Ich habe mir mal ausgerechnet, wie viel Geld ich einfach auf dem Tisch liegen lasse, weil ich versuche, den Hammer neu zu erfinden. Heute gehe ich stattdessen zu einem Experten, hole mir seinen Rat und fange sofort an, zu verkaufen. Das ist doch viel effektiver, als wochenlang alles selber herauszufinden.

Es gibt Leute, die den Weg bereits gegangen sind. Du musst dich nicht mit dem Buschmesser noch mal ganz alleine durch den Dschungel schlagen.

Das haben andere schon getan. Jetzt kannst du dir jemanden suchen, der den Weg kennt. Du bezahlst ihn dafür, dass er dich schnell und sicher durch den Dschungel führt. Eigentlich logisch, oder?

Nehmen wir mal an, ich würde jeden Monat 10.000 Euro mit einem neuen Produkt verdienen. Wenn ich aber erst 6 Monate herumprobiere, dann verliere ich 60.000 Euro in diesen 6 Monaten. Und ein Coach hätte 10.000 Euro gekostet. Der hätte mir das in einer Woche gesagt, was ich in 6 Monaten herausgefunden habe. Dann lasse ich 60.000 Euro Gewinn auf dem Tisch liegen. Und die 10.000 Euro für den Coach hätte ich in einem Monat wieder reingeholt.

Jede Königin braucht einen Palast.

Erschaffe dir eine schöne, entspannende Umgebung. Welche Atmosphäre brauchst du, um inspiriert arbeiten zu können? Welche Menschen motivieren dich und welche ziehen dich eher runter? Was für einen Tagesrhythmus brauchst du und wie kannst du dafür sorgen, dass du jeden Tag auch genug Spaß und Entspannung abbekommst?

Oft sind es die kleinen Dinge, die schon einen Unterschied machen. Vielleicht richtest du dein Büro heller und freundlicher ein, du beginnst den Tag mit Sport oder Yoga, kaufst dir jede Woche einen Strauß frischer Blumen, über die du dich die ganze Woche freust. Da gibt es ja unzählige Dinge, die du tun kannst. Und gerade Frauen sind absolut genial darin, eine schöne Atmosphäre zu schaffen. Lass deiner Fantasie mal freien Lauf und leg deinen Fokus auf alles, was dir guttut und Power bringt.

Welche Frauen inspirieren dich?
Welche Frauen haben das schon erreicht, was du erreichen willst?

Lass dich von deinen weiblichen Vorbildern inspirieren, denn genau diese Frauen können dich auch coachen und auf das nächste Business-Level führen.

Dein Coach muss dir immer etwas voraus sein, damit er dich dorthin bringen kann, wo er jetzt ist und wo du hinwillst.

Also folge den Frauen, die dich inspirieren und lass dich von ihnen ein Stück weiterbringen.

Kommen wir noch mal zurück zu unserem Flaschengeist. Jetzt gibt er dir den letzten ultimativen Rat:

> *Hol dir männliche Unterstützung. Männer lieben es, Frauen zu unterstützen!*

Du fragst jetzt vielleicht: „Aber wirke ich dann nicht irgendwie doof, inkompetent und hilflos?"

Der Dschinni guckt dich fragend an: „Warum das denn? Findest du Julia Roberts vielleicht doof und hilflos?"

Du: „Nein! Ich glaube, sie ist eine der klügsten Frauen im Business überhaupt. Deshalb wird sie auch von Männern und Frauen geschätzt."

Der Dschinni: „Eben. Sie hat einfach keine Angst davor, sich Hilfe zu holen. Im Gegenteil: Jeder Profi weiß, dass er NUR mit Hilfe von anderen wirklich weiterkommt! Kluge und erfolgreiche Frauen werden zu Businessköniginnen, wenn sie die Hilfe von Männern und Frauen annehmen."

Du bist immer noch am Zögern: „Ich kann das doch selber. Ich muss nur noch härter arbeiten ..."

Und der Dschinni zwinkert dir zu: „Willst du recht haben oder willst du reich sein? Ich verrate dir jetzt ein Geheimnis. Wenn du charmant um etwas bittest, dann wird dir jeder sofort helfen. Gerade Männer lieben es, Frauen zu unterstützen und sie lieben es, dafür anerkannt zu werden. Aber psssst … Wenn das bekannt wird, dann gibt es bald nur noch Königinnen auf diesem Planeten."

Dann verschwindet der Geist wieder in seiner Lampe und du rufst: „He, warte, was soll ich denn jetzt machen?" Und aus der Lampe ertönt Dschinnis Stimme: „Befolgt einfach die Tipps aus diesem Kapitel, Eure Majestät!"

Verkaufen ist besser als jede Party! (Mara)

Hallo meine Liebe,

nachdem du jetzt das Upgrade zur Businesskönigin gemacht hast, sollten wir unbedingt eine Party schmeißen und dich feiern!

Ich kenne da diese geniale Eventlocation mit Meeresblick auf Ibiza – die mieten wir gleich zusammen an. Dann buchen wir noch den leckeren asiatischen Catering-Service um die Ecke und ich zeige dir meine Lieblingsboutique, in der du dir ein Kleid kaufen kannst, das zu einer Businesskönigin passt.

Und als krönenden Abschluss gehen wir zusammen in den Beautysalon und lassen uns verwöhnen!

Der große Tag ist gekommen. Abends um 19:00 Uhr erwarten wir freudig die Gäste. Erst einmal bleibt alles still. Klar, das südländische Etwas-zu-spät-Kommen hat schon auf unsere Freunde abgefärbt. Wir hören Musik, nippen an einem Gläschen Champagner und wippen aufgeregt mit den Fußspitzen. Es ist 19:30 Uhr, du siehst in der Küche nach dem Rechten und stellst zufrieden fest, dass die herrlichen Delikatessen leicht für 50 Leute reichen werden.

Um 20:00 Uhr ist dann das Essen soweit und wir gucken uns suchend nach den Gästen um. Gegen 20:30 Uhr zupfst du nervös an der Blumendekoration auf den Tischen herum. Und um 21.00 Uhr reißt dir dann der Geduldsfaden. Du rufst deine beste Freundin an.

„Wo seid ihr denn alle?", fragst du wütend.

„Warum? Was ist denn los?" Deine Freundin ist erstaunt.

„Na, ich habe hier die super Party vorbereitet und keiner ist gekommen!"

„Mein Herz, du hast mich gar nicht eingeladen! Weiß denn jemand etwas von deiner Party?"

Stille.

Dein Blick fällt auf das riesige Buffet, die teuren Blumen und den DJ, der seit zwei Stunden für eine leere Tanzfläche auflegt.

„Nein", sagst du dann betreten. „Das habe ich in dem Trubel total vergessen …"

Kommt dir das vielleicht bekannt vor? Mir schon. Ich beobachte jeden Tag viele geniale Unternehmerinnen, die für ihr Business alles geben und dann das wichtigste Detail vergessen. Auf dem Weg zu deinem unwiderstehlichen Leben sind wir jetzt an einem Wendepunkt angekommen, der darüber entscheidet, ob dein Business ein rauschendes Fest wird oder eine Party ohne Gäste. Genau: Es geht ums Verkaufen!

Ein Business, in dem du verkaufst, ist ein rauschendes Fest.
Ein Business, in dem du nicht verkaufst, ist eine Party, auf die keiner kommt.

Wenn du verkaufen kannst, dann ist wirklich alles wunderbar. Du hast Kunden, es fließt Geld, du reist um die Welt, schreibst Bücher, stehst auf der Bühne, hast Spaß und bist der Star in deinem Business.

Aber wenn du nicht verkaufen kannst, dann ist das Leben so wie in diesem Lied von den Comedian Harmonists: „Kein Schwein ruft mich an, keine Sau interessiert sich für mich …"

Vielleicht denkst du jetzt: „Oje, Verkaufen ist so schwierig und gar nicht mein Ding … bitte lass uns das Thema wechseln!" – und willst schnell zum nächsten Kapitel blättern. Halt. Stopp! Hier geht es um dein Business und ohne Verkaufen wirst du nicht sehr weit kommen. Jetzt mach es dir erst mal gemütlich und lass uns ein paar Stunden mit dem Thema Spaß haben.

„Was???!", fragst du jetzt vielleicht. „Verkaufen und Spaß haben!?!?! Das passt doch gar nicht zusammen."

Oh doch – und wie! Lass dich mal überraschen.

Verkaufen oder nicht verkaufen – das ist hier die Frage!

Ob du verkaufst oder nicht verkaufst – dieser eine Punkt macht den großen Unterschied, ob dir dein Business viel Freude bringt oder dich ganz fürchterlich stresst. Denn wenn du nicht verkaufst, dann wird alles zur Qual. Du rackerst dich ab, aber du hast keine Kunden und es fließt kein Geld. Ich spreche da aus eigener Erfahrung …

Als ich 2012 mit meinem Business anfing, habe ich viele kostenlose Strategiegespräche geführt, aber ich habe einfach nicht verkauft.

Eine Frau, mit der ich ein Erstgespräch hatte, fiel aus allen Wolken, weil ich für mein Coaching Geld verlangte und sagte zu mir: „Tut mir leid, Mara, ich habe momentan einfach kein Geld." Eine Woche später schrieb sie auf Facebook, dass sie für zwei Wochen First Class auf die Seychellen fliegt. Ich hörte auch viele andere gute Geschichten, wie: „Tut mir leid, mein Mann will nicht, dass ich so viel Geld ausgebe", „Ich muss erst mit meiner Astrologin sprechen" oder „Ich warte bis die Zahnfee mir das Geld unters Kopfkissen legt" …

Damals kassierte ich nur Absagen. Meine Geschäfte liefen so schlecht, dass ich meine Ersparnisse bald aufgebraucht hatte und mir wieder einen Teilzeitjob suchen musste. Es war wirklich frustrierend. Ich dachte: „Verkaufen ist schwer" und: „Die Leute haben sowieso kein Geld, um mich zu bezahlen." Das Verrückte ist nur, dass dir das Leben immer recht geben wird. Mit diesen Gedanken zog ich ganz präzise Kunden ohne Geld an, die ich ja eigentlich NICHT wollte. So wurde ich damals erst einmal sehr erfolgreich im Nicht-Verkaufen.

Mir wurde mehr und mehr bewusst, dass die meisten Geschichten der Kunden, warum sie mir kein Geld zahlen konnten, einfach nur Ausreden waren. Das Problem lag woanders: Ich wusste einfach nicht, wie Verkaufen funktioniert! Aber wenn ich kein Hobby-Coach, sondern eine Vollblut-Unternehmerin werden wollte, dann musste ich das lernen. Und wenn du erfolgreich in deinem Business sein möchtest, dann führt kein Weg daran vorbei.

Im Internet sah ich Beispiele von Unternehmern, die ganz entspannt und mit viel Spaß verkauften. Das wollte ich auch! Also fing ich an, dem Thema auf den Grund zu gehen. Ich forschte, las, nahm Kurse, sprach mit Profis und kam zu ein paar erstaunlichen Erkenntnissen, die ich in diesem Kapitel mit dir teilen möchte.

Fangen wir ganz von vorne an:

Verkaufen ist kein Zufall.

Verkaufen ist wirklich kein Zufall. Stell dir vor, du hast einen „Verkaufsmuskel". Und was macht man mit einem Muskel? Genau, man trainiert ihn!

Wenn du weißt, wie es geht, ist es eigentlich ganz einfach, ein Verkaufsgespräch zum Abschluss zu bringen. Und je öfter du das tust, desto besser wirst du darin werden. Nur, ohne eine Strategie geht es nicht. Denn sonst bleibt es wirklich Zufall, ob du Kunden findest und ob du verkaufst.

Heute gewinnen Norbert und ich täglich mindestens ein bis zwei neue Klientinnen. Wir haben gelernt, zu verkaufen und eine Strategie entwickelt, die wirklich funktioniert. Wenn ich heute verkaufe, dann verkaufe ich in einem einzigen Gespräch Coaching-Pakete im 5- bis 6-stelligen Bereich.

Viele Menschen denken: „Das Geld kommt und geht, wie es will." Aber dieses finanzielle Auf und Ab ist unglaublich anstrengend. Um wirklich langfristig Spaß und Erfolg in deinem Business zu haben, musst du die Kontrolle über deinen Cashflow haben. Und das geht – du musst nur lernen wie!

Verkaufen ist eigentlich ganz einfach. Was es kompliziert macht, sind bloß die Ideen über das Verkaufen, die in unseren Köpfen herumspuken. Um genau zu sein: Es sind negative Glaubenssätze, mit denen sich Millionen von brillianten UnternehmerInnen täglich selber ein Bein stellen.

NEGATIVER GLAUBENSSATZ NUMMER 1: ES GIBT NICHT GENUG KUNDEN

Viele Klientinnen kommen zu mir und sagen: „Es gibt einfach nicht genug Kunden für das, was ich anbiete.“ Manche sagen auch: „Es gibt doch schon so viele da draußen, die dasselbe anbieten wie ich …“ oder „Ich kann kein Englisch, deswegen kann ich nur deutschsprachige Kunden gewinnen und das sind einfach zu wenige.“

Wie bitte?! Es gibt im Jahr 2017 rund 30 Millionen aktive, deutschsprachige Facebook-Nutzer. Das sollte doch erst mal genügen. Es kann also nicht daran liegen, dass es zu wenige Kunden gibt.Das Problem ist eigentlich ein anderes: Es kennen dich noch nicht genug Leute! Vermutlich weiß einfach keiner, wer du bist, was du machst und was du anbietest. Wie sollen sie denn da zu dir finden? Und woher weißt du überhaupt, wer die richtigen Kunden für dich sind?

Dafür habe ich dir in diesem Kapitel eine schöne, simple Strategie aufgeschrieben. Doch kommen wir erst zum Glaubenssatz Nummer 2.

GLAUBENSSATZ NUMMER 2: BEIM VERKAUFEN MUSS MAN UNANGENEHM SEIN UND DRUCK MACHEN

Wir haben alle schon schlechte Erfahrungen gemacht mit dem Thema Verkaufen. Viele Jahrzehnte lang galt es als Verkaufs-Ideal, wenn man einem Eskimo einen Kühlschrank verkaufen konnte. Das ist aber nicht die ursprüngliche Idee. Eigentlich ist Verkaufen ein ganz natürlicher Austausch zwischen Menschen.

Früher in den Dorfgemeinschaften und Stämmen fing alles mit dem direkten Handel an. Ein Fischer hatte frische Fische und bot sie den Leuten an. Die Leute freuten sich auf das leckere Essen und zahlten gerne dafür. Verkaufen und Kaufen ist ein Geben und Nehmen – es ist der Austausch von Gütern oder Dienstleistungen gegen Geld.

Verkaufen heißt eigentlich nur, dass ich anderen Menschen helfe, ihren Traum zu verwirklichen. Es ist etwas wirklich Gutes, was allen Beteiligten Spaß macht.

Wenn du verkaufen willst, dann musst du das Verkaufen vergessen.

Genau, du hast richtig gelesen. Vergiss erst mal das Verkaufen! Oft kommen Klientinnen zu mir und sagen: „Ich will das und das verkaufen."

Aber kein Mensch will etwas verkauft bekommen, denn das fühlt sich total unangenehm an. Stattdessen mögen wir es alle gerne, wenn uns jemand seine Aufmerksamkeit schenkt, uns zum Lachen bringt oder uns hilft, ein Problem zu lösen.

Das Paradox ist: Erst einmal musst du vergessen, dass du etwas verkaufen willst. Jedes kleine Kind und jeder kleine Hund können verkaufen.

Hast du schon mal ein kleines Kind gesehen, das unbedingt ein Eis haben möchte? Es wird dich an der Hand nehmen, zur Eisdiele ziehen und mit großen Augen anstrahlen: „Kaufst du mir ein Eis? Bitte!"

Oder geh mal mit einem Welpen auf die Straße. In Nullkommanichts kennst du die halbe Nachbarschaft und wirst mit Tipps und Leckerli überhäuft.

Das ist Verkaufen in seiner natürlichsten Form. Dabei geht es gar nicht darum, wer kauft und verkauft. Es geht nur darum, dass jemand mit Charme und Begeisterung etwas anbietet und der andere kann gar nicht anders, als „Ja" zu sagen. Genauso ist es bei dir, wenn du mit Begeisterung anderen Menschen Unterstützung anbietest.

Wir alle verkaufen die ganze Zeit, ohne es zu merken. Wenn du einen tollen Film im Kino gesehen hast, was machst du dann? Genau, du empfiehlst ihn sofort deinen Freunden weiter: „Den Film musst du dir unbedingt angucken – er wird dir gefallen!" Und wenn du eine schöne Boutique gefunden hast, schickst du vermutlich sofort deine besten Freundinnen auch dorthin. All das ist natürliches Verkaufen, das allen Spaß macht.

FANG AN, ANDEREN MENSCHEN ZU HELFEN

Wir Menschen sind soziale Wesen und wir helfen uns gerne. Und verkaufen ist nichts anderes: Jemand benötigt etwas und du gibst es ihm. Im Gegenzug bekommst du Geld, welches dich wiederum unterstützt.

Wenn du ehrlich helfen willst, dann spüren die Leute das und niemand wird das Gefühl haben, dass du ihm etwas andrehst.

Stell dir diese Fragen:

Welche Probleme haben meine Kunden?
Wie kann ich ihnen am besten dabei helfen, sie zu lösen?

Lenke dazu deine Aufmerksamkeit von dir weg und auf deine Kunden. Fokussiere dich auf deren Wünsche und Bedürfnisse. Meistens sind wir viel zu sehr mit uns selbst beschäftigt und denken: „Ich will das Produkt verkaufen" oder „Ich will das Seminar füllen" und ich, ich, ich …

Beim Verkaufen geht es aber nicht um „Ich will", sondern um: „Was brauchst du und wie kann ich dir dabei helfen?"

Interessiere dich für die Menschen, mit denen du zu tun hast. Was schmerzt sie? Wovon träumen sie? Je mehr du sie verstehst, desto klarer wird dein Angebot sie ansprechen.

Jeder Mensch ist anders und doch gibt es Probleme, die viele von uns haben. Bestimmte Menschen leiden unter ähnlichen Ängsten und haben ähnliche Wünsche. Sie bilden gemeinsame Zielgruppen.

Versuche nur bitte nicht, für jeden da zu sein, denn dann bist du eigentlich für keinen da. So bleibt es einfach zu vage und unspezifisch. Überlege dir genau, woraus dein spezielles Angebot besteht und für wen es eine Bereicherung sein könnte.

JE MEHR DU DIENST, DESTO MEHR VERDIENST DU

Es ist tatsächlich so und ich kann es dir aus eigener Erfahrung bestätigen: Je mehr du deinen Kunden und Klienten hilfst, ein glücklicheres, erfüllteres Leben oder Business zu führen, umso mehr du ihnen also dienst, desto mehr wirst du auch verdienen.

Frage dich: Für welche Probleme hast du wirklich eine geniale Lösung? Was ist deine Expertise und wie kannst du damit bestmöglich anderen dienen?

Ich habe das Glück, dass ich einige großartige Experten in meinem Team habe. Und zwei davon, Norbert und Katja, sorgen nur dafür, dass wir Leads – also Interessenten – gewinnen. Ein Interessent ist jemand, der genau das benötigt, was du anzubieten hast.

Nur, wo gewinnst du diese Interessenten?

Dazu reicht ein Blick in die Statistik: Facebook. Es ist die Social-Media-Plattform, die weltweit und auch im rein deutschsprachigen Raum am meisten genutzt wird, gefolgt von YouTube, welches allerdings nur die Hälfte der User aufweist.

Auf Neudeutsch nennt sich die Arbeit von Norbert und Katja in Facebook „Sales Funnel Management". Die beiden sorgen durch einen automatisierten Marketingprozess mit gezielter Facebook-Werbung dafür, dass wir Interessenten in unsere kostenlosen Erstgespräche gewinnen.

Im Folgenden habe ich dir eine Strategie erstellt, wie auch du erfolgreich Kunden findest und anfängst, zu verkaufen.

UNSERE VERKAUFSSTRATEGIE IN 6 SCHRITTEN

1. Definiere deine Zielgruppe

Auch wenn du vielleicht eine vielbegabte Unternehmerin bist und gerne mehrere Dinge parallel machst: Wir empfehlen dir, dich mindestens drei Monate auf ein Thema und eine Zielgruppe festzulegen. Nichts ist für die Ewigkeit und du kannst beides immer wieder ändern. Aber wenn du dich für drei Monate festlegst, wirst du wirklich konkrete Erfolge sehen.

Wenn du die richtige Zielgruppe für dich findest, dann wird es dir automatisch große Freude machen, mit diesen Menschen zu arbeiten und der Wunsch, möglichst schnell wieder das Thema zu wechseln, wird vermutlich sehr bald nachlassen. Als ich meine erste Zielgruppe definierte, bedeutete das für mich den Durchbruch. Ich habe dadurch gemerkt, dass ich Frauen coachen möchten, die (so wie ich) mit ihren vielseitigen Talenten ein erfolgreiches Business aufbauen und unwiderstehlich leben wollen.

2. Finde das wichtigste Problem deiner Zielgruppe heraus

Was interessiert deine Zielgruppe am meisten? Was möchten sie unbedingt lernen? Wenn du das weißt, wirst du dich im großen Markt abheben, weil du die Menschen mit ihren Problemen persönlich ansprichst.

3. Gründe eine Facebook-Gruppe für diese Zielgruppe

Nenne deine Facebook-Gruppe so, dass dein potenzieller Kunde sofort weiß: „Hier finde ich Tipps und Lösungen für mein Problem". Ob du eine Facebook-Gruppe gründest oder einen Newsletter schreibst – du brauchst auf jeden Fall ein Forum, um mit deinen potenziellen Kunden in Kontakt zu kommen. Dort gibst du kostenlos Infos und Unterstützung und wirst dir nach und nach einen Kreis von begeisterten Fans aufbauen.

4. Schalte eine professionelle Facebook-Anzeige

Jetzt hast du zwar eine Zielgruppe und eine Facebook-Gruppe, aber noch weiß keiner, dass es dich gibt. Nun ist es an der Zeit, eine Facebook-Werbung zu schalten. Dabei solltest du sehr strategisch vorgehen, sonst kannst du schnell viel Geld umsonst ausgeben. Es geht nicht nur darum, ein paar Likes zu bekommen, sondern wirklich gezielt neue Interessenten zu gewinnen. Norbert und ich arbeiten seit 2014 mit Facebook-Werbung und haben dafür bisher eine Viertel Million Euro investiert. Mittlerweile haben wir eine effektive Strategie für die Werbung entwickelt und gewinnen 100 % unserer Interessenten darüber. Norbert hat über die Jahre einfach sehr viel ausprobiert und weiß genau, was hier funktioniert und was nicht.

5. Hilf deinen Teilnehmern mit hochwertigen Tipps und baue Vertrauen auf

Nun hast du also Interessenten in deiner Gruppe. Das Wichtigste ist jetzt, wirklich auf die Fragen der Menschen einzugehen und ihnen zu zeigen, dass du ihr Problem verstanden hast. Nimm dir Zeit, recherchiere und biete ihnen wertvolle Informationen an.

6. Biete den Interessenten deine Programme und Produkte an

Wenn du dich tiefgründig mit deiner Zielgruppe beschäftigst und ihnen hochwertige Tipps gibst, werden die Leute ganz natürlich bei dir einkaufen wollen. Irgendwann kommt unweigerlich die Frage: „Kannst du nicht ein Webinar dazu machen?“ oder „Hast du eine E-Book, das ich zu dem Thema lesen kann?“

So bringst du dein Angebot nicht auf einen „kalten Markt“ – das heißt, dass dich noch keiner kennt –, sondern du hast bereits eine begeisterte Fangemeinde.

SEI EIN ENTERTAINER!

Wenn ein neues iPhone auf den Markt kommt, dann rennen die Apple-Mitarbeiter nicht jedem Kunden einzeln hinterher. Im Gegenteil!! Es warten bereits Millionen von Fans sehnsüchtig darauf. Sie campen vor den Stores und machen kein Auge zu, nur um die ersten zu sein, die das heißbegehrte Produkt kaufen können. Warum funktioniert das so gut bei Apple? Ganz klar: Sie sind über Jahrzehnte ihren Werten treu geblieben, haben eine feste Fangemeinde – und sie machen einfach die beste Show!

Die berühmten Produktpräsentationen von Steve Jobs waren legendär. Er hielt eine sprühende Rede, steigerte die Spannung und zeigte am Ende eine Innovation, mit der keiner gerechnet hatte.

Das Geheimnis einer guten Verkaufspräsentation

1. *Fahr deine Energie vor der Präsentation hoch. Ob du dafür Musik brauchst oder einen grünen Smoothie: Sorge dafür, dass du in Topform vor deine Interessenten trittst – ob auf der Bühne, vor der Kamera, im Webinar oder im Facebook-Chat.*

2. *Zeig dich authentisch. Menschlich und verletzlich zu sein, ist sexy, wenn es gepaart ist mit einer professionellen Haltung und guter Organisation.*

3. *Sprich die Emotionen der Menschen an. Was Menschen am meisten berührt, sind Geschichten. Teile mit den Zuschauern die bewegenden Anekdoten aus deinem Business. Sie werden sich noch mehr mit dir und deinem Angebot identifizieren.*

Kaum einer gibt zu, was er wirklich will. Wenn wir ehrlich sind, dann will jeder Unternehmer gerne verkaufen. Und wenn das Verkaufen nicht klappt, ist das ein großer Schmerz, denn das Essenzielle in deinem Business funktioniert nicht!

Das zehrt natürlich. Ohne Geld läuft nicht viel. Und wie willst du so die Energie aufbringen, um deinen Kunden wirklich zu helfen?

Sag, was du willst und du bekommst es.

Erst einmal musst du dich selber füttern. Du musst dafür sorgen, dass der Cashflow in deinem Business funktioniert und dafür gibt es nur einen Weg: Verkaufen!

Ich bin überzeugt: Wenn jeder sich holen würde, was er wirklich möchte, dann wäre die Welt ein Paradies. Falsche Bescheidenheit ist da völlig fehl am Platz.

Ich wage jetzt mal, die unanständige Frage zu stellen:

WILLST DU GELD VERDIENEN? SOGAR VIEL GELD?

Nein? Oh nein, dann klapp dieses Buch sofort zu und vergiss bitte alles, was du bisher gelesen hast!

Ja? Wunderbar! Ziehe weiter in die Parkstraße! Und auf dem Weg dahin verrate ich dir noch ein Geheimnis:

> *Ich verdiene Geld und mache gleichzeitig noch die Welt zu einem besseren Ort.*

Sobald du mal gelernt hast, wie Verkaufen funktioniert, wirst du sehen: Es ist eigentlich gar nicht so schwierig. Mit viel Übung trainierst du deinen „Verkaufsmuskel" und dann wird es immer besser klappen.

Schwerer dagegen ist es, sich selbst zu verkaufen. Doch genau im Personal Branding – das bedeutet, dass du dich selber mit deinem Namen zur Marke machst – liegt auch der größte Erfolg. Das Geheimnis des Personal Brandings: Menschen lieben Persönlichkeiten und ihre Geschichten.

Denk nur mal an Coco Chanel oder Oprah Winfrey. Indem du dich als Person öffentlich zeigst und deinem Unternehmen deinen Namen gibst, entsteht eine viel emotionalere Beziehung zwischen dir und deinen Klienten.

Du bist einzigartig, dein Alleinstellungsmerkmal ist deine Persönlichkeit – und gerade deshalb bist du als Person auch dein größtes Potenzial.

> *Das Wichtigste dabei ist immer: Hab Spaß!*

Du musst eine unglaubliche Disziplin im Spaßhaben entwickeln. Jaaa, du hast richtig gehört: Spaß haben ist ab jetzt Pflichtprogramm!! Das klingt verrückt, oder? Aber ja, Spaß ist auch eine Disziplin.

Wenn du mit Spaß verkaufst, dann wirst du Verkaufsgespräche mit Leichtigkeit führen und deine Kunden begeistern. Und wenn du das machst, dann wird die Welt dadurch tatsächlich ein Stück besser – denn, wenn du mit

Spaß und Leichtigkeit verkaufst, bereicherst du dadurch deine Kunden. Du gibst ihnen viel mehr, als sie mit Geld jemals bezahlen könnten: Freude, Aufregung, echte Gefühle.

Hast du schon mal den DJ David Guetta live auflegen sehen? Bei ihm ist Verkaufen wirklich eine riesige Party: Er legt seine Lieblingsmusik auf, feiert in den besten Clubs der Welt und lässt sich dafür bejubeln – und sehr gut bezahlen! Also, lass uns loslegen: Wir planen jetzt deine Party, auf der du dich wirklich zur Business-Queen krönst und sorgen dafür, dass es ein rauschendes Fest wird!

Im nächsten Kapitel erzählt dir Norbert, wie du auch dein Mindset auf Erfolg polst. Ein spannendes Thema!

Kreiere dir dein Power-Mindset (Norbert)

Du fragst jetzt vielleicht, was ich mit „Power-Mindset“ meine. Es besteht aus unseren täglichen bewussten und unbewussten Gedanken. In diesem Kapitel beschreibe ich die zwei großen Themen des Mindsets, die wir auf dem Weg zum Erfolg überwinden müssen: Unsere negativen Glaubenssätze und unser Ego.

Jetzt ruft vielleicht jemand empört: „Hey, welches Ego denn?! Ich mach wirklich alles nur aus Liebe und so. Norbert, kannst du das nicht anders nennen? Wieso gerade Ego? Nein, also ich hätte das anders genannt …“ Genau! Dieser jemand, der hier gerade eine Diskussion anzettelt, ist das Ego. Es ist schon total spannend, wo das gute alte Ego überall mitmischt, ohne, dass wir es merken. Wenn es kompliziert und schwierig wird, dann kannst du sicher sein: Das Ego ist gerade am Steuer.

Und das Ego kommt selten alleine. Es hat viele kleine Freunde, auch negative Glaubenssätze genannt. Stell dir mal die Frage: Was denke ich eigentlich über Geld? Na, was hast DU gerade gedacht? Kam da ein Lächeln auf dein Gesicht oder gingen deine Mundwinkel nach unten?

Hast du gedacht: „Na ja, ich hab ja eh nie Geld“ oder eher: „Super, ich lieb Geld“? Solche Gedanken nennt man Glaubenssätze.

Dein Ego gepaart mit negativen Glaubenssätzen ist ein sicheres Rezept, damit du NICHT bekommst, was du willst.

Es gibt die verschiedensten Glaubenssätze zu allen möglichen Themen. Meistens nehmen wir sie über Jahre von unserer Umgebung auf. Stell dir vor, dein Opa hat zum Beispiel immer gesagt: „Geld verdirbt den Charakter“ oder so etwas. Du hörst den Satz zigmal in deinem Leben und irgendwann verankert er sich in deinem Unterbewusstsein. Dann ist es ein Glaubenssatz geworden, der unterbewusst alles in deinem Leben beeinflusst, was mit Geld zu tun hat.

Denn wie solltest du jemals genug Geld haben, wenn du unterbewusst denkst, dass Geld irgendwie einen schlechten Einfluss auf den Charakter hat?

Jeder hat solche Glaubenssätze. Du kannst ja nicht „nichts" über ein Thema denken. Immer gibt es da eine bestimmte Haltung oder Meinung. Und gerade zum Thema Geld gibt es sehr viele. Ganz beliebt sind zum Beispiel: „Für sein Geld muss man hart arbeiten", „Geld macht nicht glücklich" oder „Bei Geld hört die Freundschaft auf".

Es gibt unzählige solcher Beispiele. Lustigerweise kann ich mich gerade gar nicht mehr an meine alten Glaubenssätze erinnern. Ich habe in den letzten Jahren sehr intensiv daran gearbeitet und für mich einfach neue Glaubenssätze programmiert. Wie zum Beispiel: „Es ist in Ordnung für mich, Geld zu wollen und ich will es", „Geld ist ein wunderbares Werkzeug, das ich verwende, um Möglichkeiten für mich und andere zu gestalten", „Es ist in Ordnung für mich, mehr Geld zu haben als andere" oder „Mein Ziel ist es, Fülle, Erfolg und Wohlstand in meinem Leben zu erschaffen."

LASS DICH VOM ERFOLG ANDERER MITREISSEN

Meistens ist es doch so: Man sieht jemanden, der reich ist und ist neidisch auf ihn. Du denkst: „Oh, wie hat er das gemacht, das will ich auch haben." Und das ist im Prinzip ein gutes Zeichen. Denn wenn du neidisch auf jemanden bist, heißt das, dass das etwas mit dir zu tun hat.

Mit anderen Worten: Du kannst genauso reich sein. Du hast das Potenzial, das auch zu erreichen! Aber viele bleiben beim Neid hängen und verwenden ihre Energie darauf, schlecht über andere zu sprechen oder den Fehler an der Sache zu suchen.

Wenn du wirklich reich werden willst, dann stelle dir lieber folgende Fragen:

„Wie hat er das gemacht?" Kannst du von demjenigen ein Buch lesen, ein Video sehen, ein Coaching oder einen Online-Kurs buchen? Dann nutze die Gelegenheit. Kennst du die Person persönlich? Dann frage sie direkt: „Wie hast du das gemacht?“ Genauso habe ich das gemacht. Ich habe die Leute gefragt: Was bist du von Beruf? Wie hast du das gemacht? Kannst du mir das auch beibringen?

Nun verrate ich dir meinen wichtigsten Glaubenssatz:

Ich bin großzügig im Geben und hervorragend im Nehmen.

Ein anderer, für mich wichtiger Glaubenssatz ist: „Ich verdiene Fülle, Reichtum und Wohlstand in meinem Leben. Denn das, was ich gebe, hat auch einen großen Wert – viel, viel größer als das Geld, das ich dafür erhalte.“ Heute kann ich einfach sagen: „Ich liebe Geld“, denn Geld ist einfach nur Energie.

Und der Witz ist: Du musst das Geld auch annehmen. Darum geht es. Manche Menschen tun sich schwer damit, für ihren Wert einzustehen, ihren Preis zu verlangen und das Geld dann auch anzunehmen. Aber wenn du wirklich reich werden möchtest, dann musst du genau das lernen.

Dasselbe gilt für die Preisfindung. Nehmen wir an, viele Leute haben ein technisches Problem, ein paar Leute finden eine Lösung dafür und bieten dazu ein Programm an. Der eine verkauft das Programm für 300 Euro, der andere für 3.000 Euro und der nächste für 30.000 Euro. Dabei ist es eigentlich dieselbe Problemlösung!

Nur, jeder der Verkäufer hat andere Glaubenssätze darüber, was sein Programm wert ist. Doch derjenige, der am teuersten ist, bietet normalerweise den meisten Wert, denn er kann sich für seinen Kunden einen viel umfangreicheren Service leisten und das wissen die Leute. Mara und ich haben herausgefunden:

Je mehr Leute für eine Leistung bezahlen, umso bessere Ergebnisse bekommen sie.

Warum? Im Englischen gibt es das schöne Wort: „Commitment“. Es bedeutet so viel wie „Verpflichtung, Engagement, Einsatz“. Wenn man viel für eine Leistung bezahlt, dann meint man es ernst. Und man will, dass sich die Investition auszahlt. Also gibt man wirklich sein Bestes. Umgekehrt ist es auch so: Wenn jemand gut bezahlt wird, dann gibt er oder sie auch gerne sein Bestes.

Ende 2014 begannen Mara und ich Online-Kurse für 300 Euro anzubieten. Wir haben uns so viel Mühe gemacht, die ganzen Trainings zu erstellen. Und dann habe ich ins System geschaut und es haben sich nur 10 % der Käufer das Training überhaupt angeschaut! Ich dachte: „Das gibt es doch gar nicht!“

Es ist so, als wenn die Leute ein Buch kaufen und sich denken: „Naja, da schaue ich später rein.“ Und in Wahrheit lesen sie es nie. Etwas später haben wir die Preise auf 1.000 Euro erhöht. Es war praktisch derselbe Kurs, nur mit ein paar Verbesserungen.

Diesmal haben vielleicht 20 % reingeschaut. Auch das war noch nicht befriedigend für uns. Mara und ich wussten: Wir wollen Programme erschaffen, mit denen die Leute Ergebnisse bekommen. Und dafür mussten sie einen angemessenen Preis bezahlen.

Warum? Je teurer die Programme sind, umso bessere Resultate erzielen die Menschen. Es ist eine Motivation und ein Ansporn. Wenn sie den richtigen Preis bezahlen, sind sie wirklich wach und verfolgen ihre Ziele. Doch für kleinere Beträge bewegen sich Menschen oft gar nicht.

Die Leute, die diesen hohen Preis bezahlen, haben schon die Entscheidung getroffen, das Ziel zu erreichen. In dem Moment, in dem sie unser Programm buchen, wissen sie es schon. Dann ist bei ihnen der Schalter umgelegt, auf „Go!“ und es geht los!

Je mehr du bezahlst, desto besser sind deine Ergebnisse.
Je mehr du verlangst, desto besser wird dein Service.

In dieser Zeit, als wir die ersten Online-Kurse erstellt haben, habe ich sehr viel an meinen eigenen Geld-Glaubenssätzen gearbeitet. Schreib dir zunächst mal die negativen Glaubenssätze alle einmal auf – das kann also gut eine halbe Stunde dauern. Und dann zerreiße oder verbrenne sie oder verabschiede dich auf eine andere Art von ihnen.

Vermutlich wirst du diese Prozedur öfter machen müssen, bis du dein Mindset dann mit positiven Glaubenssätzen neu ‚programmieren' kannst.

Um an die richtig tiefsitzenden Glaubenssätze zu kommen, habe ich Coaching genommen. Alleine kommt man da fast nicht heran. Die neuen, positiven Geld-Glaubenssätze habe ich mir auch aufgeschrieben.

Dann bin ich einmal am Tag mit dem Hund rausgegangen und habe sie laut in den Wald hinausgerufen. Die seltenen Spaziergänger haben vermutlich gedacht, ich bin verrückt, aber ich wusste einfach nicht, wie ich die Sätze sonst verinnerlichen sollte.

Es ging mir darum, die neuen Glaubenssätze mit starken Emotionen aufzuladen, um sie zu verankern. Im Ernst: Ich brüllte sie raus wie Rocky Balboa vor seinem nächsten Boxkampf! Im Wald war kein Mensch und wenn ein Fahrradfahrer vorbeikam, hat er halt komisch geguckt.

> *Wenn du viel Geld verdienen willst, musst du an deinen negativen Geld-Glaubenssätzen arbeiten.*

Wenn Mara und ich mit anderen Leuten zusammengearbeitet haben, die ihre negativen Geld-Glaubenssätze nicht bearbeitet hatten, hat das nicht funktioniert. Es hat das ganze Projekt finanziell blockiert.

Denn wenn du jemanden im Team hast, der denkt: „Nein, ich kann nicht so viel Geld nehmen. Ich kann es nicht so teuer verkaufen. Es kauft ja sowieso keiner. Mein Programm ist es nicht wert", bremsen dich diese Geld-Glaubenssätze des anderen leicht mit aus.

GELD UND SELBSTWERT

Je stärker dein Selbstwert ist, umso höhere Preise kannst du auch nehmen. Jeder von uns bestimmt innerlich die Höhe seiner Preise – ob 300, 3.000 oder 30.000 Euro. Und jeder bekommt seine Preise bezahlt. Das habe ich alles schon miterlebt.

Aber unter zu niedrigen Preisen leidet die Qualität. Die Leute, die immer billig, billig, billig haben wollen, geben gerne die Verantwortung an den anderen ab.

Ein Beispiel gefällig? Bitteschön: Zu deinem Fitness-Trainer kannst du auch nicht sagen: „Bitte renn du für mich auf dem Laufband". Das geht ja nicht! Wenn du abnehmen willst, musst du selber rauf auf das Laufband. Das hilft alles nichts. Wenn du also etwas wirklich erreichen willst, dann bist du auch bereit, den Einsatz zu bringen und den entsprechenden Preis dafür zu zahlen. Und wenn du als Coach wirklich guten Service liefern willst, dann musst du auch lernen, vernünftige Preise zu verlangen.

Wer finanziell hoch hinaus will, darf lernen, Geld zu lieben!

Geld ist wie gesagt Energie. Und damit diese Energie immer wieder zu dir fließt, ist es hilfreich, dass du Geld zu lieben lernst.

Für mich war irgendwann klar: Wenn ich erfolgreich sein will, muss ich anders denken. Einstein soll einmal sinngemäß gesagt haben: Wenn du immer dasselbe tust und auf ein anderes Ergebnis hoffst, dann gleicht das dem Wahnsinn.

Und das ist der Punkt. Sehr viel passiert in unserem Leben durch unser Unterbewusstsein. Laut psychologischen Studien werden rund 85 % in unserem Leben durch unser Mindset bestimmt. Wenn du limitierende Glaubenssätze zu einem Thema hast und sie nicht bearbeitest, dann kommst du über einen bestimmten Punkt nie hinaus. Du kannst dir das vorstellen wie bei einer Schallplatte oder einer CD, die einen Kratzer hat.

Aber wenn du die richtigen Glaubenssätze und das entsprechende Mindset hast, dann passieren plötzlich auch neue, positive Dinge in deinem Leben.

Mara hat mir einmal eine unglaubliche Geschichte erzählt aus der Zeit, als sie noch in Wien gelebt hat. Gerade waren wir zurückgekommen von L.A. und hatten unseren neuen Online-Kurs erfolgreich gelauncht. Mara saß auf der Terrasse ihrer alten Wohnung und telefonierte über Skype.

Sie erzählte einer Kollegin: „Wir haben gerade 20.000 Euro mit dem Produkt gemacht und morgen wollen wir noch mal 10.000 machen." Sie lachte und war sehr glücklich über die Ergebnisse.

Plötzlich sprang eine Nachbarin über **zwei** Gartenzäune (!) zu ihr auf die Terrasse und schrie sie an: „Kannst du vielleicht leiser telefonieren, damit ich das nicht hören muss. Ich weiß ja eh, dass du eine Angeberin bist, aber ich muss es nicht auch noch hören. Das ist doch alles gar nicht wahr!"

Was ist da passiert?

Diese Frau war so getriggert davon, dass jemand wirklich in wenigen Tagen 20.000 Euro verdienen könnte, dass sie ganz außer sich geriet. Ich vermute stark, diese Dame hatte extrem negative Glaubenssätze zum Thema Geld.

Eigentlich ist es ja ein gutes Zeichen, wenn man so von einem Thema gereizt wird. Es heißt, dass man selber auch ein schlummerndes Potenzial in diesem Bereich hat. Aber um es zu entfalten, muss man seine negativen Glaubenssätze bearbeiten. Wenn man das nicht macht, dann sind zum Beispiel Leute, die ihre Themen mit Geld gelöst haben, immer ein rotes Tuch für einen.

HOL DIR UNTERSTÜTZUNG

Ich frage mich immer: Was brauche ich gerade? Und dann suche ich mir einen Mentor oder Coach, der mir dabei helfen kann. Das mache ich auch heute noch so, denn das Lernen und Wachsen hört ja nicht auf.

Alleine ist es sehr schwer, effektiv voranzukommen. Und vor allem dauert es ewig. Wenn du Zeit sparen willst, dann such dir einen Coach, der dich unterstützen kann.

Man selbst sieht ja manchmal den Wald vor lauter Bäumen nicht. Vor allem, wenn du mittendrin stehst. Aber ein Coach hat nicht nur Erfahrung, er sieht das Ganze auch von außen. Er weiß ziemlich schnell, an welchen Schrauben du drehen und woran du arbeiten musst, um weiterzukommen.

Wichtig ist vor allem der Nutzen für den Kunden.

Mara und ich, wir beide haben schon bei anderen Projekten gesehen, wie das Ego alles ausbremsen kann. Wir haben mit anderen Leuten zusammengearbeitet und der Eine wollte zum Beispiel ein Logo in einer bestimmten Farbe haben. Das kostete dann Stunden oder sogar Tage Diskussionen. Im Nachhinein hat sich immer herausgestellt, dass diese Dinge total unwichtig waren.

Mara und ich fragen uns immer: Was ist unser Ziel? Was können wir tun? Was bringt uns unserem Ziel näher? Wenn einer der Projektpartner ein sehr starkes Ego hat, dann kommst du einfach nicht vorwärts. Das waren bei uns oft die Projekte, die nicht gut liefen, weil Einer sein Ding durchboxen wollte: „Ich will das unbedingt so und so." Typische Glaubenssätze waren dann auch: „Das ist nicht so viel wert" oder „Das können wir so niemals verkaufen". Das ist dann eigentlich auch wieder ein Selbstwertthema. Gerade ein starkes Ego spricht ja von einem schwachen Selbstwert. Und bis derjenige das nicht ins Lot bekommt, kann er oder sie einfach nicht mit großen Zahlen umgehen.

Fokus auf das Ziel – dann ist kein Platz mehr fürs Ego.

In unserem Team haben wir immer das Projektziel im Kopf. So kann sich das Ego gar nicht erst vordrängeln. Wir arbeiten auf diese Weise sehr gut zusammen und haben uns die Aufgaben ideal aufgeteilt. Jeder macht das, was er am besten kann und ihm auch Spaß macht. Das funktioniert sehr gut. Wir arbeiten harmonisch zusammen und keiner braucht den anderen zu kontrollieren. Wir wissen alle: Jeder gibt sein Bestes. Das hat auch sehr viel mit Vertrauen zu tun. Wenn in einem Team alle den Fokus auf das Projektziel legen und alles dafür tun, das Ziel zu erreichen, dann kann man sich da auch einfach vertrauen. Und das ist eine unglaublich angenehme und entspannte Art, zu arbeiten.

FOLGE DEN CHANCEN

Als ich mein Business startete, bekam ich eine Riesenchance, für jemanden einen Online-Kurs zu erstellen. Er bot mir um die 50.000 Euro dafür. Aber ich habe es abgelehnt. Weil ich oder besser mein Ego dachte: „So wie er es will, geht das nicht, das geht nur so und so." Ich beziehungsweise mein Ego wollte unbedingt recht haben ...

Manchmal bekommst du wertvolle Chancen, im Leben schneller voranzukommen. Jemand nimmt dich mit in seinem Windschatten. Aber du willst unbedingt recht haben, unbedingt deinen Kopf durchsetzen und verlierst diese Chance, statt sie zu nutzen. Also musst du den langen Weg gehen und dadurch verlierst du eben viel Zeit. Erst neulich habe ich etwas Ähnliches erlebt. In Kuala Lumpur habe ich ein fantastisches kleines Restaurant entdeckt. Es liegt ganz versteckt und ist irgendwie immer leer, obwohl die Gerichte so lecker sind.

Genau zu der Zeit boomte gerade ein neuer Lieferservice namens Food Panda. Die Idee ist einfach und genial: Du kannst das Essen bei allen eingetragenen Restaurants online bestellen, Food Panda holt das Essen aus dem Restaurant und bringt es zu dir.

Also habe ich einmal dem Besitzer des kleinen Restaurants empfohlen, bei Food Panda mitzumachen. Der hat nur mit dem Kopf geschüttelt und meinte: „Das ist nichts für uns. Wir machen das selber." Er wollte lieber den langen Weg gehen, so wie ich damals.

Profis geben Aufgaben ab.

Früher habe ich auch gedacht: „Ich muss das alles selber machen." Aber das Gegenteil ist der Fall: Je professioneller du wirst, desto mehr Aufgaben musst du lernen, abzugeben. Alles selber machen zu wollen, hat auch etwas mit dem Ego zu tun. Man denkt insgeheim: „Niemand kann das so gut wie ich." Aber auch das ist nur ein weiterer Glaubenssatz. Und je schneller du den loslässt, desto schneller wirst du vorankommen. Denk dir lieber: „Je mehr ich abgebe, desto mehr kann ich mich auf das konzentrieren, was ich am allerbesten kann". Und das ist wirklich effektiv.

Wenn du deine Ziele erreichen willst, dann wirst du an diesen beiden Dingen nicht vorbekommen: Fang am besten heute damit an, an deinen Glaubenssätzen zu arbeiten. Je eher, desto besser. Denn sie sind die unsichtbaren Stolpersteine auf deinem Weg zum Erfolg.

Guck dir mal in deinem Leben an, in welchen Bereichen du einfach nicht weiterkommst. Genau da hast du vermutlich Glaubenssätze, die dich daran hindern, an dein Ziel zu kommen. Und diese Glaubenssätze sind meistens gepaart mit Ego-Fragen. Wie gesagt: Wenn du merkst, dass Verhandlungen kompliziert werden und du dich in einem Projekt im Kreis drehst oder an Details aufhängst, dann ist da ziemlich sicher das Ego im Spiel.

EIGENTLICH GEHEN DIE SACHEN EINFACH

Wenn die Dinge laufen, ohne negative Glaubenssätze und ohne Ego-Bremsen, dann hat das die Power eines ganzen Flusses, der dich unglaublich schnell mitreißt. Wie beim Wildwasserrafting wirst du vorangetrieben und wunderst dich, dass das nicht alle so machen. Das Ego und die negativen Glaubenssätze gucken dir vom Ufer aus verdutzt hinterher. Ganz klar: Die kommen da nicht mehr mit. Du gehst ab wie ein Speedboat.

Jetzt bist du bereit für den nächsten Schritt: Such dir einen Business-Partner. Wie du den findest, erzählt dir Mara gleich im nächsten Kapitel.

Wie finde ich meinen Norbert? (Mara)

Reitest du auch öfter alleine durch die Business-Prärie und denkst: „Das krieg ich alles hin, kein Problem!"? Die Sonne scheint, du pfeifst und sagst dir: „Was für ein cooles Business ich doch habe." Aber dann kommt plötzlich ein Sturm auf und du musst irgendwie alles gleichzeitig machen: dein Pferd beruhigen, die Ware schützen, Unterschlupf suchen und aufpassen, dass du dabei nicht noch von einer Schlange gebissen wirst. Am Ende des Tages erreichst du echt zerzaust einen Saloon und trinkst erst mal ein Glas eisgekühltes Kokoswasser. Die Bardame guckt dich an und meint: „Na, harten Tag gehabt, Jane?" Und du: „Och, so das Übliche." Dabei striegelst du noch eben dein Pferd, polierst schnell deine Pistole und nähst einen abgerissenen Knopf wieder an deine Bluse: „Das ist eben so, wenn du ein eigenes Business hast. Da muss frau tough sein und sich um alles selber kümmern …".

Halt! Stopp! Denkst du das wirklich?!

Das ist eines der ältesten Business-Märchen der Welt. Tough sein und alles alleine machen. Wenn ich das schon höre, bekomme ich Kopfschmerzen. Ich habe die Nummer mit dem „Lonesome Cowgirl" viel zu lange durchgezogen. Und dann kam die entscheidende Erkenntnis:

„Hey! Ich muss ja gar nicht alles alleine machen. Andere Leute haben doch auch Business-Partner. Warum ich nicht?"

Also habe ich angefangen, mir Business-Partner zu suchen. Nein, Norbert war nicht der Erste. Vor ihm habe ich viel ausprobiert.

Probieren geht über Studieren.

Bei einem Business-Partner geht es – wie in jeder Art von Beziehung – vor allem auch darum, dass die Chemie stimmt. Das heißt, am besten hörst du auf dein Bauchgefühl.

Frag dich:

Wie fühlst du dich mit der Person an deiner Seite?
Bist du gehemmt und eingeschüchtert?
Oder sprudelst du nur so vor Ideen und Enthusiasmus?

Es ist wie bei der Partnervermittlung auch: Nur, weil jemand dieselben Interessen hat, dieselben Farben mag und sich in derselben Business-Nische tummelt, heißt das noch lange nicht, dass ihr ein Dream-Team seid.

VOM LONESOME COWGIRL ZUM DREAM-TEAM

Norbert und ich, wir ergänzen uns super mit allen unseren Fähigkeiten. Als wir uns 2014 kennengelernt haben, meinte er: „Du hast dir in einem halben Jahr eine E-Mail-Liste mit 3.000 Leuten aufgebaut!? Wie hast du denn das gemacht?" Ich fand das damals gar nicht besonders.

So ist das ja meistens. Selber sieht man die eigenen Fähigkeiten und Talente oft gar nicht richtig. Und dann kommt plötzlich jemand und sagt dir: „Hammer, wie du das machst!" Norbert hat sofort mein Marketing-Talent gesehen. Umgekehrt war ich auch gleich begeistert von Norberts technischem Know-how. Er kennt sich da wirklich in so vielen Bereichen aus. Und wenn er etwas nicht weiß, dann nimmt er Kurse, befragt Experten und lernt es einfach. Das ist für ihn nichts Besonderes, aber genau dieses Wissen hat uns erlaubt, unser erstes digitales Produkt zu entwickeln.

Norbert und ich haben dieselben Werte und Ziele.

Bei Norbert und mir ging sofort das Business los. Als Erstes haben wir ein gemeinsames Webinar für seine und meine Kontakte, unsere E-Mail-Listen, gemacht. Und wir haben an der Resonanz der Leute gemerkt: Das kommt richtig gut an! Die Leute schrieben: „Super cool", „Toll gemacht" und „Es macht total viel Spaß mit euch zwei." Es hat einfach sofort funktioniert. Wir haben ziemlich schnell zusammen Geld verdient. Und das ist immer ein gutes Zeichen.

Im Unterschied zu anderen Business-Partnern hat Norbert mich von Anfang an stark gemacht. Und das ist enorm wichtig. Da solltest du sehr genau auf dich zu hören. Mit Norbert funktionierte es sogar so gut, dass wir uns nach zweieinhalb Jahren gemeinsamem Business entschieden haben, auch privat den Weg gemeinsam zu gehen und zu heiraten.

Wie fühlst du dich nach der Arbeit mit dem Business-Partner?
Hast du danach mehr Energie? Oder bist du irgendwie schlapp?

Wenn du „deinen Norbert“ finden willst, dann solltest du dich nach der gemeinsamen Arbeit gut fühlen. Bei uns ist das so und es liegt vor allem daran, dass wir dieselben Werte teilen:

Wir beide wollen im Business Spaß haben, unser Ego durchzusetzen ist uns nicht wichtig und jeder hat vollstes Vertrauen in den anderen. Beide treffen wir schnelle Entscheidungen, geben gerne Gas, wollen gut verdienen und das Leben unserer Klienten verbessern.

Wenn du zum Beispiel jemand bist, der gerne schnell vorankommt, dann kann dich jemand, der immer zögert, ausbremsen.

KLEIN ANFANGEN – WENIG RISKIEREN

Bevor du mit einem Business-Partner groß durchstartest und ihr vielleicht sogar eine gemeinsame Firma gründet, mach erst einmal ein gemeinsames Projekt mit ihm. Probiert zusammen was aus und guckt, wie es euch damit geht.

Die Dinge zeigen sich ja immer am besten im Tun. Jemand kann dir noch so viel erzählen, was er alles kann. Wenn ihr loslegt und es fühlt sich einfach völlig verkehrt an, dann weißt du sehr schnell Bescheid.

WARUM ÜBERHAUPT EINEN BUSINESS-PARTNER SUCHEN?

Also für mich war die Kooperation mit Norbert der erste Schritt zum richtig großen Business. Jeder erfolgreiche Unternehmer wird es dir bestätigten: Du kannst nicht alles alleine machen. Und du musst dich nicht in allem auskennen. Dafür holst du dir einen Partner und später auch ein Team.

Klar, wenn du dein Business startest, musst du sehr viel selber machen. Und das ist auch gut so. Du lernst alle Bereiche der Arbeit kennen und kannst später deine Mitarbeiter und Kollegen viel besser delegieren.

Sobald du mal deinen Norbert gefunden hast, wirst du merken: ihr seid mehr als nur zwei Personen. Für mich ist es so, als würden wir gemeinsam ein Mastermind bilden. Und nach und nach kam auch unser Team in dieses Mastermind. Wir geben alle unsere Fähigkeiten, unsere Intelligenz und unser Know-how in das gemeinsame Business und so potenziert sich das. Und irgendwann macht jeder wirklich nur noch das, was er am besten kann.

Das ist auch am effektivsten, denn das, was du am besten kannst, das fällt dir auch am leichtesten. Das heißt, du bist viel schneller und es macht dir auch mehr Spaß als andere Arbeiten. Du siehst: Es ist einfach genial!

Business mit Norbert macht Spaß und bringt Geld!

Ich habe immer geschaut: Macht mir das Spaß mit demjenigen? Geht das leicht? Verdienen wir Geld damit?

Wenn das Geld fließt, ist das ein gutes Zeichen. Bei Norbert und mir ist von Anfang an Geld geflossen. Wir sind beide nicht so die Menschen, die jahrelang etwas testen, ohne daran zu verdienen.

Nachdem da immer Geld kam, habe ich mehr Projekte mit Norbert gemacht. Es war auch immer leicht, wir waren gut drauf und hatten viel Spaß. Vor allem am Anfang haben wir extrem viel zusammengearbeitet und gemeinsam gelernt, diskutiert, gebrainstormt und überlegt: „Wie kann das alles funktionieren?".

Um so viel Zeit miteinander zu verbringen, muss man sich einfach auf menschlicher Ebene gut verstehen.

Such dir jemandem mit demselben Mindset.

Wenn du zum Beispiel eine totale Abenteurerin bist und ausgeprochen spontan, dann solltest du vielleicht nicht unbedingt mit jemandem kooperieren, der immer nur auf Nummer Sicher geht.

Als ich zu Norbert sagte: „Ich will nach Kuala Lumpur auswandern“, fand er die Idee sofort gut. Wir sind uns da also einfach sehr ähnlich. Norbert bremst mich nie aus.

Und wir haben uns immer schon Coaches und Unterstützung geholt. Anstatt alleine vor uns hinzuwursteln und viele Fehler zu machen, sind wir beide eher die Typen, die zu einem Coach gehen und sagen: „Ich will dahin, wo du bist. Wie mache ich das?“

Business darf Spaß machen!

Es sei denn, du hast Spaß daran, ausgebremst zu werden …

Nein, im Ernst: Du musst dich jetzt nicht jahrelang mit jemandem durchs Business schleppen, leiden und dir irgendwann eingestehen: Das passt echt nicht mit uns zwei.

Eigentlich weißt du es gleich am Anfang: Mit dem und dem habe ich Spaß, mit dem und dem eben nicht. Und für mich ist Spaß ein ernstzunehmender Business-Faktor. Wozu sollte ich mich denn sonst selbstständig machen, wenn ich dann wieder genauso gestresst und mit ernster Miene herumlaufe wie in meiner Festanstellung?

Business darf Spaß machen. Ich finde, es muss sogar Spaß machen. Sonst läuft da irgendwas verkehrt …

Auf einer Skala von 1 bis 10 – wie viel Spaß hast du mit der einen oder anderen Person im Business?

WERDE POPSTAR STATT MÄRTYRER

Neben Geld und Spaß – und beides geht echt gut zusammen! – wollen Norbert und ich auch die Welt zu einem besseren Ort machen. Wir möchten beide viele Menschen erreichen und deren Leben bereichern. Und am besten fangen wir da bei uns selber an, leben unser volles Potenzial und führen ein geniales Leben.

Denn mal ehrlich: Wenn ich in meinen Videos in einer uninspirierenden Umgebung total müde und geschafft herumschleichen würde, dann würdest du mir doch kein Wort glauben, oder?

Eben! Das Ding ist: Du musst selber das leben, wovon du sprichst.

Die Märtyrer-Nummer ist ja nicht so sexy. So nach dem Motto: Für meine Kunden nur das Beste, aber ich kann mir das nicht leisten. Ich verschenke erst mal 100 Jahre mein Wissen, damit ich es auch verdient habe, etwas für mein Know-how zu verlangen.

Viele, die ein Business starten, erstellen erst 1.000 Jahre kostenlose Produkte und machen 50.000 Ausbildungen. Dadurch fließt erst mal lange kein Geld und viele Geschäftsmodelle scheitern daran. Bei uns lag der Fokus von Anfang an auf Cashflow. Norbert brauchte ja auch Geld für seine zwei Kinder aus erster Ehe. Und ich wollte genug Geld haben, um zu reisen.

Wir haben uns gesagt: „Okay, unser Programm ist nicht perfekt, unser Coaching ist nicht perfekt, unsere Webseite ist nicht perfekt, aber wir machen es einfach."

Das Versteckspiel hat ein Ende! Wenn du wirklich „deinen Norbert" finden willst, dann musst du dich der Welt zeigen. Wie soll er dich denn sonst finden?

Je mehr du mit deinem Business an die Öffentlichkeit trittst, desto leichter kannst du ihn oder er dich finden. Bei mir war das in einem Webinar. Bei dir ist es vielleicht durch ein Video, einen Blogartikel, einen Post oder eine Netzwerkveranstaltung?

Egal, Hauptsache du zeigst dich!

Erst lernst du dich selbst kennen, dann deinen Business-Partner.

Es ist ja wie in der Liebe: Oft kennst du dich selbst noch gar nicht richtig, willst aber schon den Partner fürs Leben finden. Dann lernst du jemanden kennen und nachdem du dich selber gar nicht kennst, verstellst du dich vielleicht, versuchst ihm oder ihr zu gefallen und alles recht zu machen. Das geht dann erst mal gründlich in die Hose oder in den Rock.

Am besten überspringst du diesen Teil und stellst dir gleich diese Fragen:

Wofür steht dein Business? Was sind die Werte in deinem Business? Was ist das Warum in deinem Business?

Sobald du weißt, was du willst, wirst du auch die richtigen Leute anziehen.

Wenn du unklar bist, dann kommt halt irgendjemand um die Ecke, der dich beeindruckt oder toll reden kann und – schwups – hast du dein eigenes Business irgendwie aus den Augen verloren.

So, wenn du jetzt weißt, was du willst, dann kannst du mal anfangen deine möglichen Norberts zu treffen. Und anstatt lange um den heißen Brei herumzureden, solltest du ihm einfach direkt von deinen Zielen erzählen. Vielleicht stellt ihr gleich beim ersten Gespräch fest: Du willst Millionärin werden und er will einfach nur ein bisschen im Online-Business herumplantschen.

Dann weißt du gleich, den kannst du von der Liste streichen.

Es ist so wie beim Daten. Wenn sie sagt: „Ich will noch ein Baby“ und er: „Ich definitiv nicht“, dann hat sich die Sache ja schon erledigt.

Sag bloß nicht, was du willst – du könntest es bekommen!

Achtung, jetzt kommt noch ein ziemlich heißer Tipp: Wenn du mit einem Mann zusammen Business machen willst, dann solltest du ihm auf keinen Fall sagen, was du willst. Erzähl ihm lieber stundenlang von den Problemen, die du hast. So wird er schön verwirrt nach Hause gehen und denken: „Was soll ich jetzt eigentlich machen"?

Wenn du einem Mann von deinen Zielen erzählst, dann könnte es nämlich schnell passieren, dass er dich darin unterstützen will. Ganz dramatisch wird es, wenn du auch noch um Hilfe bittest!

Warum das so ist?

Ich sage nur Jäger und Sammlerin. Männer sind generell sehr fokussiert. Wenn du einem Mann klar deine Wünsche und Ziele formulierst, dann kann er dich ganz präzise darin unterstützen.

Überhaupt sind die meisten Männer sofort bereit, eine Frau zu unterstützen, wenn diese sie herzlich darum bittet. Männer machen Frauen gerne glücklich – denn eine glückliche Frau ist eine entspannte und schöne Frau.

Noch Fragen?

Neulich bin ich zum Beispiel an einem wunderschönen Haus vorbeigekommen und habe Norbert gesagt: „Schau mal, da würde ich gerne drin wohnen." Was ist passiert? Er hat das Haus vor Augen, er hat meine begeisterte Stimme gehört und jetzt suchen wir gemeinsam nach einer Lösung, wie das klappen kann, in einem solchen Haus zu wohnen.

Also pass bloß auf! Wenn du deine Ziele konkret aussprichst und dabei noch begeistert bist, dann ist das der sichere Weg zu bekommen, was du willst!

Genieß dein Leben und mach deinen Norbert glücklich.

Es geht ja nicht nur darum, was du willst, sondern auch, was dein Norbert will. Und ganz wichtig ist dabei einfach immer: ehrliche Wertschätzung.

Sag und zeige ehrlich, wie dankbar du für die Unterstützung bist und sorge auch dafür, dass dein Business-Partner bekommt, was er braucht.

Ich bin zutiefst dankbar, dass ich „meinen Norbert“ gefunden habe. Mein Business ist mit ihm richtig groß geworden und mein Leben ist um einiges aufregender. Es ist ein großes Glück, einen solchen Business-Partner zu finden und deshalb solltest du ihn so wertschätzend und respektvoll behandeln, wie auch du behandelt werden möchtest.

So, wie sieht es aus? Magst du lieber weiter alleine durch die Business-Prärie reiten und abends total fertig sein? Oder dich lieber auf die Suche nach „deinem Norbert“ machen? Auf dem Weg dahin fängst du an, mehr in den Beauty-Salon, als in den Saloon zu gehen, lieber mal eine Woche am Meer zu sein, als eine Woche in der Papierflut und lieber ein paar Stunden effektiv und mit Spaß zu arbeiten, als stundenlang zu ackern.

Ich bin mir sicher, dass es für jeden einen solchen Norbert geben kann. Und es ist auch das beste Beispiel, wie genial Männer und Frauen zusammen Business machen können.

Wenn du die Tipps in diesem Kapitel beherzigst, dann könnte es sein, dass du morgen schon „deinen Norbert“ triffst. Halt ihn fest, denn dein Leben und dein Business werden noch viel genialer mit ihm. Ihr reitet zusammen durch die Business-Prärie und habt den Spaß eures Lebens. Wenn ein Sturm kommt, helft ihr zusammen und wenn ihr euer Ziel erreicht, feiert ihr gemeinsam euren Erfolg. Abends im Saloon trinkst du entspannt dein Kokoswasser und freust dich: „Business zu zweit ist einfach doppelt gut!“

Dann kann es passieren, dass sich ein Cowgirl mit riesigen Augenringen zu dir rüber beugt und meint: „Sag mal, wie finde ich denn meinen Norbert?“ Und du schiebst ihr nur mit einem Augenzwinkern dieses Buch hin: „Hier, lies mal, es ist eigentlich ganz einfach.“

Umgib dich mit einem Team von Genies (Norbert)

Im Sommer 2016 machten Mara und ich Urlaub in Costa Rica. Draußen schien die Sonne, das Meer glitzerte türkis wie auf einer Postkarte und der Strand war einfach genial schön – zumindest sah es von unserem Arbeitszimmer so aus. Wir waren kein einziges Mal unten am Strand. Du fragst jetzt vielleicht: „Wie bitte??! Ihr wart in Costa Rica, nur um zu arbeiten? Warum das denn?"

Tja, weil wir einfach durchgearbeitet haben. 14 bis 16 Stunden täglich ackern, das war damals zu unserem Normalzustand geworden. Irgendwann in diesen Tagen hob Mara mal den Kopf und meinte: „Sag mal, warum sind wir noch mal selbstständig geworden?" Und ich: „Ähm … damit wir an den schönsten Stränden der Welt unsere Buchhaltung machen können?"

Moment mal! Wollten wir nicht eigentlich mehr Zeit haben? Ja, genau! Mehr Zeit, mehr Geld, mehr Vergnügen! Nur wie? Wir arbeiteten ja schon bis zum Anschlag. Nach dem Urlaub flogen wir zu einem Seminar. Dort trafen wir auf lauter Unternehmer, die zum Teil deutlich weniger verdienten als wir. Als sie hörten, wie erfolgreich unser Business schon war, bekamen wir die Frage gestellt: „Und? Wie groß ist euer Team? 5, 10, 20 Leute?" Mara und ich guckten uns erstaunt an: „Na, wir zwei sind das Team."

Die Teilnehmer waren ziemlich überrascht: „Was?! Ihr zwei rockt alleine ein Unternehmen mit 6-stelligen monatlichen Umsätzen?!" So langsam dämmerte uns, dass in unserem Business etwas fehlte …

Und dann kam die Krönung: Es war kurz nach diesem Seminar und ich befand mich total unter Zeitdruck. Eine E-Mail musste sofort raus, also habe ich sie rasant schnell geschrieben und im Mailverteiler abgeschickt. Für mehr hatte ich einfach keine Zeit. Erst danach sah ich: Auweia, die E-Mail wimmelte nur so von grammatikalischen Fehlern! Es sah wirklich aus, wie von Google Translator übersetzt.

Damals hatten wir so viel Arbeit, dass wir uns schon gar nicht mehr freuten, wenn wir einen neuen Kunden gewannen. Wir dachten nur: Oje, wir haben doch gar keine Zeit mehr übrig, um mit demjenigen zu arbeiten! Es ging so weit, dass uns neue Klienten schrieben, um ein Coaching bei uns zu buchen, und wir hatten nicht einmal mehr Zeit, um die E-Mail zu beantworten. Diese Situation entsprach einfach überhaupt nicht dem Anspruch, den wir an unser Business hatten.

Die E-Mail voller Fehler war dann nur noch der letzte Tropfen, der das Fass zum Überlaufen brachte. Das war der Moment, als Mara und ich beschlossen: Es ist Zeit für ein Upgrade. Wir brauchen Unterstützung durch ein Team!

Damals wurde uns klar, dass wir keine Selbstständigen sein wollten, die selbst und ständig arbeiten, sondern Unternehmer, die ein Business aufbauen und das Potenzial haben, immer weiter zu wachsen. Das ist eine ganz andere Art, zu denken und zu arbeiten. Es bedeutet auch, dass dein Unternehmen weiterläuft, wenn du mal nicht da bist, denn du hast ein Team, das jetzt einen Teil der Verantwortung übernimmt. Und damit gewinnst du etwas sehr, sehr wichtiges: Zeit.

Zeit ist die wichtigste Ressource, die du hast.

Mal ehrlich: Alles Geld und aller Erfolg der Welt bringen dir nichts, wenn du keine Zeit hast, sie zu genießen. Und das ist doch einfach schade.

Unsere Lebenszeit ist kostbar und begrenzt. Du kannst immer effektiver werden und jede Sekunde genial ausnutzen. Aber auch dann kommst du irgendwann nicht mehr weiter, denn der Tag hat nur 24 Stunden. Es ist so, wie mit dem Stundenlohn. Wenn du pro Stunde bezahlt wirst, dann kannst du nur soundso viel im Monat verdienen, mehr geht nicht. Irgendwann ist Ende der Fahnenstange.

Die einzige Lösung ist: Du baust dir ein Team und gibst Aufgaben an andere ab. Um zu wissen, wen du in deinem Team brauchst, überlege dir:

Welche Aufgaben willst du abgeben?
Welche Aufgaben sind dir schon lange über den Kopf gewachsen?
Was macht dir in deinem Business absolut keinen Spaß?
Für welche Aufgaben brauchst du viel mehr Zeit als für andere?
Mit was quälst du dich nur herum?

Das sind genau die Dinge, die du schleunigst abgeben solltest, denn sie kosten dich einfach nur Zeit und damit Geld.

Vielleicht fällt dir ja Buchhaltung schwer? Dann gibt sie jetzt einfach ab. Da draußen existieren Leute, die Buchhaltung lieben – im Ernst! Und diese Leute werden einen viel besseren Job mit deinen Unterlagen machen, während du dich auf Dinge konzentrierst, in denen du richtig gut bist.

Bei uns war es ziemlich klar: Als Erstes wollten wir die Buchhaltung und die E-Mail-Beantwortung an eine Assistenz abgeben.

Wie finde ich mein ideales Teammitglied?

Aber unser nächstes Problem war: Wie finden wir die passende Person?

Und da kam mir die Idee: Am besten erstellen wir einen Avatar unseres idealen Teammitglieds. Ein Avatar ist eine genaue Beschreibung einer (erfundenen) Person.

Richtig, das, was du sonst auch für deinen idealen Kunden schreibst. Nur jetzt beschreibst du eben dein Traum-Teammitglied.

Alle, die schon mal einen Avatar aufgesetzt haben, wissen: Es funktioniert! Je genauer du bist, desto besser. Dann kann es passieren, dass plötzlich genau dein Avatar dein Kunde oder eben dein Teammitglied wird.

Setz dich mal hin und schreib auf, was dein ideales Teammitglied mitbringen sollte.

Welches Know-how hat er?
Was sind die Eigenschaften und Fähigkeiten dieser Person?
Wie würde ein idealer Tag mit deinem neuen Teammitglied aussehen?

Jetzt kann es sein, dass bei dir limitierende Glaubensätze hochkommen, nach dem Motto: „Das funktioniert doch nicht“ oder „Es gibt doch eh keinen, der gerne Buchhaltung mag“. Mit diesen Gedanken solltest du schleunigst aufräumen, so wie ich das in Kapitel 9 beschrieben habe, denn sie verhindern nur, dass du bekommst, was du willst.

Definiere das Budget, das du für diese Position ausgeben willst.

Know-how und Expertise haben ihren Preis. Überlege dir: Willst du einen Anfänger, den du einlernst? Das ist natürlich günstiger. Oder möchtest du einen Profi, der vielleicht sogar in dem Bereich besser ist als du? Das wird dann deutlich teurer werden, aber du bekommst natürlich auch ein anderes Ergebnis. Mach dir also klar, wie viel Geld du für dein neues Teammitglied ausgeben willst.

Die nächste Frage ist dann: Wo kommt das Geld für diese Stelle her?

Wenn du monatlich mehr Geld ausgibst, dann musst du natürlich auch monatlich mehr Geld generieren. Aber wie? Zum Beispiel durch ein neues Produkt oder ein neues Projekt, das du dank der Fähigkeiten dieser Person starten kannst.

Suche in deinem Netzwerk nach passenden Personen.

Anstatt irgendwo da draußen zu suchen, kannst du das auch einfach in deinem eigenen Netzwerk tun.

Warum?

Es sind Menschen, die dich und deine Arbeit schon kennen und mögen. Such dir jemanden, der von deiner Arbeit begeistert ist und der sagt: „Ich finde es spitze, was du machst und möchte gerne ein Teil davon sein“. Es sollte jemand sein, der deine Mission teilt, denn du wirst sehen: Das bringt einen wirklich motivierenden Spirit in dein Team. Mitte 2016 nahmen Mara und ich Lena als Assistentin in unser Team auf. Unsere täglichen 16 Stunden Arbeit sanken nun auf normale 8 Stunden herunter. Wow! Auf einmal hatten wir viel mehr Zeit, um uns auf die für uns wirklich wichtigen Dinge zu konzentrieren.

Danach kamen dann Schritt für Schritt die anderen Teammitglieder dazu: Für den Verkauf und Vertrieb, für Facebook und Social Media etc. – und heute arbeiten wir durchschnittlich 4-5 Stunden pro Tag. Diese Zeit nutzen wir so effektiv, dass wir währenddessen mehr schaffen als früher in 16 Stunden.

Arbeite an deinen Mindset-Hindernissen.

Wenn du aber auch mit diesen Tipps einfach niemanden für dein Team findest, dann liegt es vermutlich an deinem Mindset. So war es auch bei uns. Es gibt 5 gedankliche Hindernisse, die Mara und ich überwinden mussten, um das Team zu bekommen, das wir heute haben.

Denn auch, wenn du denkst, du bist bereit für ein Team und es unbedingt möchtest, kann es sein, dass dir deine Gedanken immer wieder einen Strich durch die Rechnung machen.

1. Hindernis

Ein Selbstständiger arbeitet selbst und ständig. Nur, wenn ich hart arbeite, kann ich mein Business zum Erfolg führen.

Das ist ja ein weit verbreiteter Gedanke: Wenn du selbstständig bist, dann bist du 24 Stunden nur am Machen, es gibt keinen Urlaub und wenn du viele Jahre leidest, dann hast du dir auch irgendwann endlich den Erfolg verdient.

Das haben wir früher auch gedacht und es war der Glaubenssatz, der am schwersten zu überwinden war, denn er ist gesellschaftlich tief verankert.

Es gehört ja fast zum guten Ton, dass man sich kaputt arbeitet, wenig schläft, sich die Gesundheit ruiniert und gestresst ist.

Aber macht das Spaß? Nein.

Und ist es effektiv? Überhaupt nicht!

Wir verschwenden nur den ganzen Tag unsere Energie damit, angestrengt zu sein. Und warum? Weil wir gelernt haben, dass das „fleißig" ist und etwas mit Erfolg zu tun hat. Das, was Künstler ‚Muse' oder ‚Inspiration' nennen, bleibt dabei völlig auf der Strecke.

Dazu fällt mir die Geschichte von dem chinesischen Tischler ein. Sie stammt auch aus dem Buch *Huainanzi*. Dieser Tischler lebte vor hunderten von Jahren in China und galt als der Beste seines Faches. Eines Tages kam ein Bote des Kaisers zum ihm und gab ihm den Auftrag, innerhalb von 7 Tagen einen Tisch für den Kaiser zu machen. Der Tischler sagte zu.

Am nächsten Tag kam der Bote wieder und erkundigte sich nach dem Tisch. Aber der Tischler lag in der Sonne und träumte vor sich hin. Der Bote sagte: „Willst du denn nicht anfangen, das Holz zu schneiden?", und der Tischler schüttelte den Kopf: „Noch nicht."

Am übernächsten Tag kam der Bote erneut und wieder döste der Tischler in der Sonne. So ging es weiter bis zum 6. Tag. Da platzte dem Boten der Kragen: „Wenn der Tisch morgen nicht da ist, dann bist du einen Kopf kürzer!"

Am nächsten Tag kam der Bote wieder auf den Hof des Tischlers und staunte. Dort stand der schönste Tisch, den er jemals gesehen hatte.

„Wie hast du denn das gemacht?", fragte er den Tischler und der meinte ganz entspannt: „6 Tage lang habe ich mir den Tisch vorgestellt und mir jedes Detail ausgemalt. Und dann habe ich ihn an einem Tag gemacht. Das ist die Arbeit eines Tischlermeisters."

Die Geschichte zeigt sehr schön: Ein Meister braucht viel Muse und Inspiration. Wenn er die hat, dauert die Umsetzung auch gar nicht mehr lange. Es ist so wie beim Pareto-Prinzip, über das ich im 1. Kapitel geschrieben habe. 80 % sind nur Geracker. Du könntest genauso gut in der Sonne liegen,

Sport machen, reisen, Spaß haben und Energie tanken. So bist du fit, gesund, glücklich und richtig gut drauf. Und dann machst du täglich entspannt die 20 % Arbeit, die dich voranbringen.

Das ist effektiv!

<u>*2. Hindernis*</u>

Ich muss es allein und als Einzelkämpferin schaffen, denn niemand macht die Arbeit so gut wie ich.

Okay, mal ehrlich: Mara und ich haben lange gezögert, jemanden ins Team zu nehmen. Weil wir einfach dachten: „Wir kennen unser Business von A bis Z. Das kann niemand so gut machen wie wir."

Was dahintersteckt ist einfach nur die Angst unseres Egos, die Kontrolle abzugeben. Klar, das ist ein großer Schritt. Aber du wirst ja auch nicht dem nächstbesten auf der Straße deinen Büroschlüssel in die Hand drücken und sagen: „Mach du mal, ich bin dann mal ´ne Woche im Urlaub".

Du suchst dir mit Menschenverstand ein gutes Team zusammen und gibst den Leuten Schritt für Schritt mehr Verantwortung. So kannst du auch Stück für Stück die Kontrolle etwas mehr abgeben und anfangen – hey, das ist doch mal eine Idee! – deinem Team zu vertrauen.

Mara und ich wollten, dass unser Unternehmen größer wird. Damals habe ich überlegt: „Was, wenn wir für jeden Bereich ein Genie finden? Das würde unser Potenzial vervielfachen!"

Fakt ist: Es gibt zahlreiche brilliante und gut ausgebildete Menschen auf der Welt. Und viele davon sind in bestimmten Bereichen besser als du und ich. Anstatt sie aber als Konkurrenz zu sehen, kannst du diese genialen Menschen in dein Team einladen und so dein Unternehmen noch stärker machen.

Also dieser Spruch: „Niemand kann das so gut machen wie ich" ist für Mara und mich heute ein super Witz.

Wenn wir ehrlich sind, dann macht unser Team viele Dinge besser als wir es jemals geschafft hätten, denn jeder von ihnen ist Experte auf seinem Gebiet.

3. Hindernis

Wenn ich mein Business wachsen lasse, dann muss ich ja noch mehr arbeiten. Das will ich nicht!

Klar, wenn du jetzt schon Tag und Nacht am Tun bist, dann liegt der Gedanke nahe. Viele unsere Klientinnen sagen uns das.

Nur: Mara und ich arbeiten heute viel weniger als früher! Wir sind konzentrierter, fokussierter, besser drauf, haben mehr Spaß und verdienen mehr Geld!

Stell dir mal vor, du stehst morgens entspannt auf, machst ein bisschen Sport und Meditation, dann gibt es einen leckeren Smoothie zum Frühstück und danach telefonierst du erst einmal mit deinem Team. Alle sind gut drauf, überraschen dich mit neuen Ideen und Lösungen. Dann wird Business zu einem Teamspiel wie beim Fußball. Hast du schon mal versucht, alleine Fußball zu spielen? Das macht echt keinen Spaß. Im Team ist immer jemand da, der den Ball annimmt, der dir den Rücken deckt oder vorprescht, um ein Tor zu machen. Wir geben zusammen unser Bestes und feiern gemeinsam unseren Erfolg!

In einem gut funktionierenden Team wirst du weniger arbeiten, es wird weniger anstrengend für dich und gleichzeitig macht es mehr Spaß und es fließt mehr Geld.

4. Hindernis

Ich vertraue niemandem, nehme keine Hilfe an, denn nur ich weiß, was für mich gut ist.

Früher dachten Mara und ich auch: „Wir kriegen das alles selber hin, wir wissen selber, was für uns richtig ist.“ Es gab eine Zeit, da haben wir uns keine Hilfe von Coaches oder Mentoren gesucht. Rückblickend war das die

Zeit, in der wir uns am langsamsten entwickelt haben. So als wären wir ein paar Monate mit angezogener Handbremse herumgefahren. Es dauert einfach wahnsinnig lange, wenn du alle Lösungen selber herausfinden willst. Du kannst Jahre damit verbringen. Oder aber du suchst dir Unterstützung und fängst an, die Hilfe von anderen anzunehmen!

Für Mara war das ein großer Schritt: Sie war von klein auf daran gewöhnt, alles alleine hinzubekommen. Aber hinter den größten Hindernissen liegen ja auch die größten Chancen verborgen. Mara ist heute, mit der Hilfe mehrerer Coaches und eines ganzen Teams, erfolgreicher und glücklicher als jemals zuvor.

Oft haben wir Angst, abhängig von anderen und dadurch weniger frei zu sein. Aber es ist eigentlich genau anders herum. Dein Ego und deine Ängste, die machen dich unfrei. Wenn du anderen vertraust und ihnen den Raum gibst, ihr Potenzial zu entfalten und dir dadurch zu helfen, dann wirst du viel freier sein und gleichzeitig nehmen dir andere einen Teil der Verantwortung von den Schultern. Also hol dir Hilfe, wo es geht. Denn das ist es, was Profis machen. Sie holen sich die besten Coaches und die besten Leute ins Team.

5. Hindernis

Ich warte, bis ich weniger Stress habe und lasse dann mein Business wachsen.

Wenn du das denkst, dann haben wir leider eine schlechte Nachricht: Dieser Punkt wird niemals kommen! Es wird genau andersrum sein: Der Stress wird immer mehr werden. Der Stress kommt ja daher, dass du keine Entscheidung triffst, dich nicht auf das fokussierst, was du willst. Er signalisiert dir eigentlich nur: „Du bist nicht dort, wo du hinwillst.“

Die Lösung ist einfach: Triff aktiv eine Entscheidung! Und der beste Zeitpunkt dazu ist immer: jetzt sofort.

Wir waren neulich in einer Boutique auf Mallorca einkaufen. Mara ist durch den Laden gegangen und hat nur gesagt: „Das nehm ich, das nehm ich nicht, das nehm ich …". Sie ist eine super Verkäuferin und dadurch ist sie auch eine exzellente Einkäuferin. Kaufen und verkaufen sind ja letztlich nur zwei Seiten derselben Medaille.

Nach 15 Minuten waren wir fertig mit dem Einkauf und zahlten einen beachtlichen Stapel Kleidung an der Kasse. Die Dame aus der Boutique hat nur gestaunt und meinte immer wieder: „Ich habe noch nie jemanden gesehen, der so schnelle Entscheidungen trifft!"

Mara und ich wissen einfach, was wir wollen und wir haben uns darauf trainiert, Entscheidungen so schnell wie möglich zu treffen. Um es mit Maras Worten zu sagen: „Das ist es, was ich will, das hol ich mir – zack, fertig, das nächste!"

Mit einem Team explodiert dein Business.

Bei uns war es definitiv so: Erst wurden Mara und ich Kooperationspartner und haben ab 2015 exklusiv zusammengearbeitet. Dadurch hat unser Business das nächste Level erreicht. Als wir dann im nächsten Jahr unser Team gebaut haben, ist unser Business wirklich explodiert und wir haben mehrfach 7-stellige Jahresumsätze gemacht.

Die Power, die du durch ein Team bekommst, ist einfach nicht zu vergleichen mit der Arbeit alleine. Sobald mehr Leute mit ihm Spiel sind, bekommt dein Business eine andere Dynamik. Du machst einen Sprung in die nächste Liga.

Und was bringt es dir, wenn du das beste Angebot der Welt hast, aber es kennt keiner? Stell dir vor, du hast ein Heilmittel gegen Krebs, aber keiner weiß es. Du könntest so vielen Menschen helfen. Deshalb ist es so wichtig, dass du mit deinem Angebot rausgehst. So können die Leute von dir erfahren und sagen: „Genau das Problem habe ich auch und dieses Angebot ist die Lösung."

Und dafür musst du sichtbar werden. Das kannst du auch alleine schaffen. Aber um wirklich zu wachsen, musst du eine Reichweite aufbauen. Und dafür brauchst du ein Team.

Mit einem Team erreichst du noch mehr Menschen, kannst dadurch noch mehr bewegen und dein Unternehmen kann wachsen. Das geht einfach nur mit einem Team und am besten mit einem Team von Genies.

Ein Genie überrascht dich mit neuen Ideen.

Denn das ist überhaupt das Beste: Ein Genie erledigt nicht nur die Aufgabe, sondern kommt auch noch mit neuen Ideen um die Ecke. Und je mehr du da deinen Teammitgliedern vertraust und sie anerkennst, desto mehr werden sie dich überraschen wollen. Deshalb ist es auch so wichtig, dass du die Leute regelmäßig anerkennst.

Für mich ist das die moderne Art von Führung. Ich führe nicht mit Druck, so nach dem Motto: „Du musst das machen und bis dann hast du das erledigt." Ich bin ja nicht ihr Papa und die Leute sind erwachsen. Nein, stattdessen führe ich mit Anerkennung.

Ich hab dazu einmal ein Buch gelesen: „Der Minuten Manager" von Kenneth H. Blanchard und Spencer Johnson. In dem Buch geht es darum, dass du bei deinem Team richtig auf die Suche gehst: Was haben sie gut gemacht? Dann gibst du ihnen sofort eine Anerkennung. Und was passiert?

Derjenige, der das gut gemacht hat, wird das noch besser machen. Das ist ein sehr interessanter Effekt. Wenn Leute unter Druck sind und ständig Angst haben: „Oh Gott, schaffe ich das in der Zeit?", dann werden sie nicht halb so effektiv sein. Wenn du sie aber anerkennst, dann kann es sein, dass sie dich überraschen und viel schneller sind, als du dachtest.

Anerkennung verleiht Flügel.

Mit Anerkennung bringst du dein Team viel, viel weiter. Du inspirierst sie zu Höchstleistungen. Was wir da schon erlebt haben. Wow!
Jeder will anerkannt werden. Jeder!

Wenn du hörst: „Du machst einen super Job!", da freust du dich drüber und blühst auf.

Das ist mein Führungsstil: Nicht mit Druck, sondern einfach mit sehr, sehr viel Anerkennung. Schau dir wirklich an, was derjenige besonders gut gemacht hat. Und dann erkenne genau das präzise an.

Das bedeutet nicht, dass ich meine Leute nicht fordere. Das wäre ja langweilig für sie. Ich gebe meinem Team Aufgaben, bei denen alle denken: „Das ist total unmöglich." Und dann machen wir es doch möglich.

Einmal auf Ibiza hatten wir ein Live-Webinar. Aber wir hatten ganz, ganz schlechtes Internet – eine wirkliche Katastrophe. Wir mussten innerhalb einer Stunde eine neue Location finden, in der es super Internet gab. Also haben wir unsere Assistentin beauftragt und die hat das innerhalb von einer halben Stunde geklärt. Sie hat das Unmögliche möglich gemacht!

Sie hat ein Hotel mit Meetingraum gefunden, in dem wir schnelles Internet hatten und das Live-Webinar geben konnten. Und es war sogar so nah, dass wir zu Fuß hingehen konnten.

Unsere Assistentin war nicht mal vor Ort, sondern in Südafrika! Sie hat alles aus der Ferne von einem anderen Kontinent aus geregelt. Und gerade auf Ibiza ist das wirklich nicht so einfach. Ich habe ihr große Anerkennung für diese Meisterleistung gegeben.

Ein Team, in dem alle zusammenspielen, ist das Beste, was dir in deinem Business passieren kann. Wenn alle ein gemeinsames Ziel verfolgen, entwickelt ihr als Team ungeahnte Kräfte und am Ende gewinnen alle!

Jetzt kommen wir zum letzten Kapitel, in dem wird Mara dir erzählen, was der geheime Turbo ist, mit dem du deine Ziele zehnmal so schnell erreichst und dein eigenes sowie das Potenzial deines Teams voll entfaltest.

Der geheime Turbo zum Erfolg (Mara)

Norbert und ich waren einmal auf einem Seminar bei Lisa Nichols. Kennst du sie? Das ist diese unglaubliche Powerfrau, die auch in dem Buch „The Secret“ vorkommt. Lisa hat uns damals erzählt, dass sie einmal mit der Entertainerin Oprah Winfrey über Coaching gesprochen hatte.

Oprah fragte Lisa: „Sag mal, wie viele Coaches hast du eigentlich?“ Sie hat nicht gefragt: „Hast du einen Coach?“ Denn das ist sowieso klar bei jemandem, der so erfolgreich ist wie Lisa. Lisa meinte: „Zwei. Und du?“ Oprah lachte: „Vier. Je mehr, desto besser.“

„Und was glaubt ihr“, fragte uns Lisa Nichols, „was ich getan habe, als ich wieder nach Hause kam? Klar, ich habe sofort zwei weitere Coaches gebucht! Denn wenn ich so erfolgreich wie Oprah sein will, dann brauche ich vier Coaches.“

Damals ist es mir wie Schuppen von den Augen gefallen: Natürlich! Jeder wirklich erfolgreiche Mensch hat mindestens einen Coach. Und die richtigen Stars haben einen Coach für jede Lebenslage: für Karriere, Finanzen, Styling und Kleidungsstil, Fitness, Beziehungen …

Und weißt du, was ich nach dem Seminar mit Lisa gemacht habe? Ich habe mir sofort noch einen Coach dazu gebucht!

Hochleistungssportler wissen: Ohne Coach oder Mentor kommst du nicht über die Regionalliga hinaus. Klar kannst du auch versuchen, alleine auf die Olympiade zu trainieren. Genauso kannst du auch versuchen, ohne Guide den Mount Everest zu besteigen.

Das kann man alles machen, wenn man seeeehr viel Zeit hat. Aber unsere Lebenszeit ist einfach begrenzt. Für viele Dinge brauchen Menschen ein ganzes Leben, um sie herauszufinden. Wenn du alles selbermachen willst, dann bräuchtest du viele Leben, um das zu schaffen.

Fakt ist: Profis holen sich so schnell wie möglich professionelle Unterstützung.

Wenn du dir ein erfolgreiches Business aufbauen willst, dann hast du zwei Möglichkeiten:

1. Du lernst alles von der Pieke auf. Du besuchst 100 Kurse, du findest alles alleine heraus, machst alle Fehler, die man nur machen kann, scheiterst viele Male bis es dann endlich irgendwann klappt.

2. Oder aber du suchst dir jemanden, der den Weg schon gegangen ist und dort ist, wo du hinwillst. Der führt dich und sagt dir: „Achtung! Mach den und den Fehler nicht“ oder „Hier lohnt es sich nicht, viel Geld auszugeben“ oder „Da solltest du investieren“. Du profitierst von Wissen aus erster Hand und nimmst die Abkürzung zum Erfolg.

Ein Mentor ist die Abkürzung zum Ziel.

Normalerweise suchen wir ja nach Abkürzungen, weil wir die Anstrengung scheuen. Wir denken insgeheim: „Da muss es doch einen einfacheren Weg geben.“

Die meisten Sachen können wir aber nicht abkürzen. Du musst einfach dein Bestes geben, deine Widerstände überwinden, Neues lernen, deine Glaubenssätze bearbeiten, viel üben und exzellenten Service liefern, um wirklich hoch hinauszukommen.

Aber du kannst dir einen Experten buchen, der schon weiß, wo es langgeht. Das ist meines Wissens die einzige Abkürzung zum Erfolg.

Stell dir vor, du steigst auf einen Berg. Da ist es doch viel leichter, wenn dir jemand sagt: „Jetzt links, dann geradeaus, dann rechts – Achtung, Kopf einziehen! …“

Klar, ich weiß, man kann sich auch einreden, dass es viel mehr Spaß macht, jahrelang alleine herumzuirren, um den Weg zu finden.

Aber ist es wirklich „total cool", unabhängig zu sein und sich an jeder Wegkreuzung zu fragen: „Auweia, wo geht es jetzt lang. Na, ich werfe mal ´ne Münze oder spreche mit meiner Astrologin …"?

Sagen wir mal so: Wenn es dein Ziel ist, Weltmeister im Herumirren zu werden, dann ist das auf jeden Fall der richtige Weg. Wenn du aber ein erfolgreiches Business, einen tollen Lifestyle und ein erfülltes Leben willst, dann kannst du das echt einfacher haben.

Warum einfach, wenn es auch kompliziert geht?

Kennst du das? Auf einmal kommt eine Chance auf dich zu, aber du denkst: „Nein, ich schaff das auf meine Art. Ich brauche keine Hilfe?"

Nachher weißt du innerlich: Mist! Das war eine geniale Chance und ich habe sie einfach nicht angenommen. Warum? Weil wir es eben gerne kompliziert haben. Oder weil wir uns daran gewöhnt haben, die Sachen kompliziert anzugehen. Viele Leute sagen: „Das kann nicht so einfach gehen! Es ist viel komplizierter!"

Meine Erfahrung ist ganz anders: Einfach ist am besten.

Wenn ich ewig herumgrüble – „Ja, nein, ja, nein" – dann ist das eine einzige Quälnummer und am Ende kommt nichts dabei heraus. Ich weiß, ich weiß, Grübeln und sich Herumquälen gehören für viele zum Erfolgs-Image dazu. Du musst „hart" arbeiten, leiden und dann wirst du irgendwann ans Ziel kommen.

Weißt du, was ich glaube? Das ist Business aus dem tiefsten Mittelalter! Wenn sich etwas richtig anfühlt, dann weißt du das doch schon in der ersten Sekunde. Und wenn du die Entscheidung dann auch gleich triffst, hast du dir einfach einen riesigen Umweg gespart.

Mit einem Mentor, lernst du dich und deine Power kennen.

Ein guter Mentor ist ein bisschen wie Yoda aus „Star Wars" oder Morpheus aus „Matrix". Er gibt dir Aufgaben und Herausforderungen, unterstützt dich, glaubt an dich und trainiert dich. So lernst du, mit deiner Kraft, deinen Talenten und deinem Know-how umzugehen. Du weißt immer mehr, wer du bist und was du kannst.

Jetzt denkst du vielleicht: „Super! Und irgendwann bin ich dann fertig und weiß alles!" Aber ganz ehrlich: Fertig sind wir doch nie. Es geht einfach immer weiter. Wenn du ankommst, wo dein Mentor schon ist, dann steckst du dir ein neues Ziel und suchst dir wieder einen Mentor, der da schon ist. Denn sonst wäre es ja super langweilig. Oder willst du dich gleich zur Ruhe setzen, nachdem du dein erstes Ziel erreicht hast?

Die meisten Menschen haben Angst vor dem Erfolg!

Viele Leute sagen mir: „Ich habe Angst, zu versagen." Dabei ist es oftmals so, dass sie eher Angst haben, festzustellen, dass sie wirklich alles erreichen können, was sie wollen.

Warum? Je mehr Power du hast, desto mehr Verantwortung bekommst du auch. Wenn du einen einzigen Menschen coachst, dann hast du nur Wirkung auf diesen einen einzigen Menschen. Wenn du aber 100 Menschen coachst, dann hast du auch eine Wirkung auf die 100. Und jeder Fehler betrifft dann auch 100 Leute. Das ist die Verantwortung, die du mit deiner Power bekommst. Deshalb verhindern auch ganz viele Menschen ihren eigenen Erfolg. Sie bauen sich fleißig Stolpersteine in den Weg und ignorieren ihre Intuition.

Wenn du also auch Angst vor dem Erfolg hast, dann habe ich hier ein paar richtig gute Tipps für dich, wie du garantiert keinen Erfolg hast:

1. Such dir KEINEN Mentor.
2. Höre NICHT auf deine innere Stimme.
3. Übernimm NICHT die Verantwortung für dein Leben.
4. Hab KEINEN Spaß.
5. Lebe NICHT deine Träume.

Wenn du das alles beherzigst, kannst du dich entspannen: Es wird garantiert NICHTS passieren und du hältst dir Erfolg, Ruhm, Geld und Spaß vom Leib.

Falls du doch ein kleines bisschen neugierig bist, wie das mit dem Erfolg geht, dann kannst du ja hier unbeobachtet weiterlesen.

Ein Mentor öffnet dir Türen.

Im Laufe unseres Lebens gehen wir durch viele Türen. Wir betreten Neuland. Eine Tür ist immer eine Schwelle zu etwas Neuem – zu einer neuer Herausforderung, einem neuen Abenteuer oder einem neuen Level. Und ein guter Mentor weiß, wo eine neue Tür für dich ist oder wie du da am Besten durchgehst. Du kennst sicher den Spruch: „Zeige mir, mit wem du dich umgibst, und ich sage dir, wer du bist." Wenn du dich mit Leuten umgibst, die dich nur runterziehen, dich entmutigen oder dir deine Energie rauben, dann wirst du nicht sehr weit kommen.

Ein Mentor ist jemand, der dich auf ein anderes Level zieht – einfach nur, weil er schon dort ist. Je mehr du mit solchen Menschen zu tun hast, desto schneller wirst du dich entwickeln. Wenn du dich mit Menschen umgibst, die positiv denken, Erfolg haben, viel Geld verdienen und einen tollen Lifestyle leben, dann wird das auch auf dich „abfärben".

Das Rezept für den besten Schokoladenkuchen der Welt.

Stell dir vor, du bekommst das Rezept für den besten Schokoladenkuchen der Welt. Wenn du das Rezept befolgst, was wird dann wohl passieren?

Genau! Du kannst auf einmal den besten Schokoladenkuchen der Welt backen, einfach nur, weil du das Rezept befolgst.

So ist das auch im Business.

Es gibt Leute, die schon das beste Rezept für ein erfolgreiches Business haben. Diese Leute sind ja den Weg schon gegangen. Sie wissen ganz genau, was zu tun ist und sie kennen das Rezept.

Und das Tolle ist: Du musst dir nur diese Leute suchen, die das schon erreicht haben, was du auch erreichen möchtest. Und dann lernst du von ihnen ihr Rezept.

Und noch etwas Wichtiges: Du solltest das Rezept ebenfalls befolgen, denn dann wird es auch funktionieren.

Aber wenn du denkst: „Ich mach das Freestyle“, „Ich weiß es eh besser“ oder „An Rezepte halten ist mir zu anstrengend“, dann wirst du vielleicht einen ganz guten Kuchen bekommen – wenn du Glück hast. Es kann aber auch total in die Hose gehen und dann hast du die ganzen Zutaten verbraucht, weil der Kuchen ungenießbar ist. Im Business heißt das: Du überlässt deinen Erfolg dem Zufall und wenn es schiefgeht, dann verlierst du das ganze investierte Geld. Einfach nur, weil du dich nicht an das Rezept gehalten hast.

Wenn du das Rezept einhältst, dann wirst du den besten Schokoladenkuchen der Welt machen. Es geht gar nicht anders. Und so ist es mit einem Coach oder Mentor. Er oder sie kennt das Rezept und alles was du tun musst, ist auf ihn zu hören.

Klar, du kannst auch versuchen, das Rezept selber zu erfinden. Das haben wir, Norbert und ich, auch lange versucht. Aber das hat uns vor allem viel Geld und Zeit gekostet. Heute suchen wir uns einfach jemanden, der das Rezept hat und lassen uns von demjenigen unterstützen. Eigentlich ist es ganz einfach.

Wie findest du deinen Mentor?

Erst mal: Höre nur auf Menschen, die das bereits erfolgreich geschafft haben, was du schaffen willst. Taten sagen mehr als 1.000 Worte. Wenn dir jemand sagt: „Ich mach dich reich“ oder „Ich bring dich ganz groß raus“, dann prüfe erst mal, ob derjenige selber reich ist und sich selber groß rausgebracht hat.

Um deinen Mentor zu finden, stell dir mal die folgenden Fragen:

1. *Was möchte ich erreichen?*
2. *Wer hat schon erreicht, was ich erreichen möchte?*

Nun recherchiere einmal: Welcher Coach oder Mentor lebt den Lifestyle, der dir gefällt? Wer passt wirklich zu dir? Wer begeistert dich? Mit wem fühlst du dich wohl?

Vielleicht ist dir jetzt schon ein Name oder ein Gesicht eingefallen?

Super! Dann folge dieser Spur.

Wie? Du denkst, der oder die ist eine Nummer zu groß für dich?

Warum? Vielleicht willst du ja richtig hoch hinaus! Gib deinen Träumen eine Chance. Eine klitzekleine! Das Schlimmste, was dir passieren kann, ist, dass sie wahr werden.

Ein Mentor ist dort, wo du hinwillst.

Du erkennst deinen Mentor oder deine Mentorin, weil du sofort denkst: „Wow, so will ich auch leben" oder „Den oder die finde ich einfach genial". Um deinen Mentor oder Coach zu finden, empfehle ich dir, dass du deine Fühler ausstreckst, dir Videos ansiehst von Coaches und Mentoren und dir selber die Frage stellst:

„Wen hätte ich gerne als Mentor oder Coach?"

Du wirst eine Antwort bekommen. Vielleicht fällt dir plötzlich ein Video oder ein Facebook-Post auf oder eine Freundin erzählt dir von jemandem, den sie ganz toll findet.

Es ist ja so wie in jeder menschlichen Beziehung. Du und dein Mentor, ihr solltet dieselben Werte haben. Es sollte jemand sein, mit dem du dich identifizieren kannst. Und wenn du dir nicht sicher bist, dann stelle dir einfach wieder die Frage: „Ist das ein Mentor für mich?" Ich bekomme dann immer ganz klar ein „Ja" oder „Nein".

Heute es ist es deutlich einfacher, gute Leute zu finden. Du kannst Blogs lesen oder Videos gucken zu den Themen, die dich interessieren. Du kannst dich in E-Mail-Listen eintragen und die Newsletter lesen. So findest du ziemlich schnell heraus: Das gefällt mir, das spricht mich an, das mache ich!

Eigentlich haben wir doch ein sehr gutes Gefühl für das, was passt. Nur unser Kopf und die Grübelei machen die Sachen so kompliziert. Ich habe meine Coaches und Mentoren immer sehr schnell gefunden. Nachdem ich ein Video gesehen, einen Newsletter oder einen Blogartikel gelesen habe, wusste ich: Von ihr oder ihm will ich lernen! Früher habe ich viel länger gebraucht, um eine Entscheidung zu treffen. Erst hatte ich ein Gefühl, dann habe ich manchmal sogar drei Wochen darüber nachgedacht. Und dann habe ich doch das gemacht, was mir mein Gefühl gesagt hat. Also dachte ich mir irgendwann: „Das ist doch Quatsch. Du kannst dich doch auch einfach gleich entscheiden, ohne die 3 Wochen Zeit zu verlieren."

Einen Mentor zu bezahlen ist eine Investition in deine eigene Zukunft.

Früher hatte ich oft ein schlechtes Gewissen, wenn ich mal wieder tausende von Euros oder Dollar in Coaching investiert hatte. Damals hatte ich noch nicht so viele Unternehmer um mich herum, die das verstanden hätten. Die Leute dachten einfach: „Die ist wohl verrückt!" Aber heute weiß ich sicher: Es ist absolut vernünftig und professionell, sich Unterstützung zu holen.

Jedes Mal, wenn ich in Coaching oder Mentoring investiere, macht mein Business einen Sprung. Wenn ich mir meine Umsätze angucke, dann wird dadurch immer der Cashflow angekurbelt. Deshalb wird ein Business-Coaching auch eine Investition genannt: Wie immer, wenn du klug investierst, zeigt sich das positiv in deinen Umsätzen.

Eine Investition ist richtig, wenn sie dich deinem Ziel näherbringt.

Wenn du aus einer Familie von Angestellten kommst, dann werden dir vermutlich alle den Vogel zeigen. Aber wenn in deiner Familie auch Unternehmer sind, dann werden sie nachfragen: „Okay, cool, was ist dein Ziel? Bringt dich der Mentor deinem Ziel näher? Ja? Dann mach das auf jeden Fall!"

Die meisten Menschen haben Angst, eine größere Menge Geld zu investieren, weil sie es einfach nicht gewöhnt sind. Wenn du mal einen Tag mit einem Millionär verbringst, dann weißt du, wie viel Geld der an einem Tag bewegt – er nimmt ein und investiert, nimmt ein und investiert ...

Aber das Thema Geld ist eben oft mit sehr viel Emotion, besonders Angst, behaftet. Es gibt einen Glaubenssatz, mit dem Norbert und ich viel gearbeitet haben und der dir hoffentlich auch hilft, deine Ängste in Sachen Investition zu überwinden:

„Alles, was ich investiere, nehme ich zehnfach wieder ein."

Und soll ich dir was sagen? Es funktioniert!!!

2016 habe ich mich für ein Coaching bei einem Top Mentor angemeldet. Das kostete 100.000 Dollar. Aber ich wusste, dass ich jeden Cent davon in mich und mein Business investierte. Das war auch wirklich so. Ich habe unglaublich viel Wissen und Know-how aus erster Hand bekommen. Schon nach vier Monaten hatte ich mein Investment dreifach wieder eingenommen.

Es ist wie ein Upgrade.

Ein guter Coach ist dein Upgrade für das nächste Level.

Ein guter Coach ist einfach unersetzlich. Er wird dich immer wieder dazu bringen, deine Komfortzone zu verlassen. Und du wirst Dinge schaffen, die du nicht für möglich gehalten hast. Doch das Coaching sollte Hand und Fuß haben. Norbert und ich haben ja heute ein ganzes Team an Coaches aus den verschiedensten Bereichen. Wenn sich jemand für ein Coaching bei uns interessiert, dann machen wir erst einmal ein kostenloses Strategiegespräch mit den potenziellen Kunden.

Dabei können wir sehen:

Ist derjenige wirklich bereit für ein Upgrade?
Ist derjenige coachbar – also neugierig, respektvoll und professionell?
Hat das Business tatsächlich Potenzial?

Wenn diese drei Punkte nicht erfüllt werden, dann sagen wir den Leuten ab. Es macht keinen Sinn, jemanden auf einem bestimmten Level zu coachen, wenn er noch nicht so weit ist.

Wenn jemand auf der Bremse steht und noch gar nicht bereit ist, alles Erdenkliche zu tun, um seine Ziele zu erreichen, dann können wir als Coaches uns da abrackern und er wird es trotzdem nicht schaffen.

Doch wenn jemand wirklich auf „Go“ ist und Lust hat, Gas zu geben, dann können wir ihn unterstützen, sehr schnell erfolgreich zu sein.

Dein Coach kann nicht die Ziele für dich erreichen – das musst du selber tun.

Nicht nur der Coach braucht ein bestimmtes Mindset – auch du!

Wenn du noch 1.000 Glaubenssätze zum Thema Geld hast, die dich ausbremsen, dann kann dein Coach dich dabei unterstützen, das zu überwinden – doch diese Themen zu bearbeiten, ist deine Verantwortung.

„Walk the walk, don't talk the talk", heißt es in den USA. Es hilft eben nichts, einfach nur davon zu reden, was man alles vorhat. Du musst es TUN. Und dann bewegt sich auch etwas in deinem Business und deinem Leben. Es ist wie beim Gehen lernen. Du musst es einfach selber ausprobieren. Deine Eltern können das nicht für dich lernen. So ist es auch mit deinem Coach oder Mentor. Der kann dir nur zeigen, wo dein Potenzial liegt. Umsetzen musst du die Sachen dann selber.

Norbert und ich zum Beispiel wollen nur noch mit A-Playern arbeiten:

Unser nächstes Ziel ist es, 100 Unternehmerinnen zu Millionärinnen zu machen.

Die Kandidatinnen müssen wir natürlich gut auswählen, weil wir sonst unser Ziel nicht erreichen. Große Ziele verlangen auch einen hohen Einsatz und ein hohes professionelles Niveau. Wir freuen uns riesig auf diese neue Herausforderung und sie katapultiert uns auch auf ein neues Level. Deshalb prüfen wir ganz genau: Wer ist bereit für die Millionen? Wer will wirklich? Wer hat das Know-how, die Disziplin und den Mut dafür? Und dann zünden wir mit diesen Klienten unsere Business-Rakete. Das Ziel sind wieder einmal die Sterne!

Es gibt keine Garantie – aber nur wer wagt, kann gewinnen!

Klar kann dir niemand versprechen, dass du alle deine Ziele erreichen wirst. Dafür kannst nur DU selber sorgen. Aber sicher kennst du den Witz von dem Mann, der immer hofft, im Lotto zu gewinnen. Als er gestorben ist, fragt er im Himmel: „Warum habe ich nie im Lotto gewonnen? Ich habe doch so oft darum gebeten." Gleich darauf bekommt er die trockene Antwort: „Hättest du doch wenigstens einmal einen Lottoschein gekauft."

Wer nicht wagt, kann auch nicht gewinnen. Das ist das große Spiel des Unternehmertums. Du weißt nicht, was das Leben noch an Überraschungen für dich bereithält. Aber wenn du nie etwas riskierst, dann wird sich auch sicher nichts bei dir tun. Wenn du ein 7-stelliges Business aufbauen möchtest, dann ist das wie eine Mount-Everest-Tour: Du musst dafür trainieren, dich vorbereiten, dir einen Guide suchen und dich da hochführen lassen.

DIE ANGST, GELD AUSZUGEBEN

Vor lauter Angst, Geld auszugeben, verlieren Menschen oft sehr viel Zeit mit Grübeln. Sie denken: „Was wäre, wenn …?" und „Ich kann doch nicht so viel Geld …" und dann wursteln sie ein Jahr lang alleine herum.

Nach dem Jahr kommen sie dann wieder zu uns und lassen sich coachen. Meistens fällt ihnen nun auf: „Ich verdiene jetzt durch das Coaching doppelt so viel und habe ein Jahr lang auf so viel Geld verzichtet …" Das heißt, das lange Zögern hat sie pures Geld gekostet. Deshalb schau dir deine Umsätze an und frage dich auch mal: „Was kostet es mich, den Coach NICHT zu buchen?"

Meine Erfahrung ist die: Vor allem anderen musst du dich entscheiden. Und dann wird auch das Geld kommen.

„Triff deine Entscheidungen nie aus Angst, sondern aus Mut."
(Nelson Mandela)

Seinen eigenen Weg zu gehen, braucht Mut.

Und dafür musst du auch immer wieder mit dir selbst sprechen:

Was will ich? Was macht mich glücklich? Was kommst als Nächstes?

Vor allem Frauen haben immer noch große Angst, viel Geld in die Hand zu nehmen. Da kommt dann ganz schnell das schlechte Gewissen: „Wie egoistisch von mir, so viel Geld nur für mich auszugeben.“ Viele Klientinnen sagen auch: „Mein Mann sagt, ich soll das lieber nicht machen“ oder: „Mein Mann will nicht, dass ich all das Geld ausgebe“.

Aber Angst ist kein guter Ratgeber bei Entscheidungen. Meine Erfahrung ist die: Wenn ich auf all die Unkenrufe und Miesepeter gehört hätte, dann säße ich noch heute in einem Büro und wäre angestellt. Es ist keine Schande, Angst zu haben. Aber lass dich nicht von deiner Angst in die Irre und zu den falschen Entscheidungen führen. Schau mal, auf dem Weg zum Erfolg habe ich diese Schritte im Business gemacht. Vielleicht kommen sie dir schon bekannt vor:

Mahatma Gandhi hat einmal gesagt: „Zuerst ignorieren sie dich, dann lachen sie über dich, dann bekämpfen sie dich und dann gewinnst du.“

So ähnlich habe ich das auch empfunden. Am Anfang werden noch viele Leute an dir und deinem Vorhaben zweifeln, doch wenn du dann dein Ziel erreicht hast, sagen sie: „Ich wusste immer, dass du erfolgreich wirst.“

Fazit: Mach bitte einfach dein Ding und lass dich nicht mehr davon abhalten. Die Kritiker wird es immer geben und sie sind sogar ein Zeichen dafür, dass du kurz vor dem Durchbruch stehst.

Sein eigenes Business zu führen, heißt auch, erwachsen zu werden und die volle Verantwortung für dein Leben und deinen Cashflow zu übernehmen. Leider sind es oft Menschen, die uns sehr nahestehen, die uns – unbewusst – auch am meisten vom Wachsen abhalten. Sie wollen dich nicht verlieren, haben Angst vor Veränderung oder ein bestimmtes Bild von dir und sie trauen dir einfach nicht so viel zu. Das sind alles Widerstände, die du überwinden musst, um wirklich deine großen Ziele zu erreichen.

EIN DATE MIT DIR SELBST

Das Allerallerbeste, was dir in deinem Leben passieren kann, ist zu sehen, was eigentlich alles in dir schlummert. Je öfter du ein „Date mit dir selbst" hast, desto klarer wird dir: Du bist unendlich powervoll. Und ja, du hast alles schon in dir, um dir das Leben zu kreieren, das du dir wünschst.

Und ein Coach oder Mentor ist derjenige, der dich immer wieder daran erinnert, wer du eigentlich bist.

Bist du bereit für ein Leben ohne Handbremse?
Hast du Lust auf Erfolg, Geld, einen inspirierenden Lifestyle und ein erfülltes Leben?

Dann hol dir jetzt noch dein kostenfreies Online-Coaching. Folge einfach diesem Link: manomind.com/geschenk

Wir freuen uns, von dir zu lesen!

So, das war es fürs Erste. Ich hoffe, du nimmst viel Inspiration aus dem Buch mit und wünsche dir viel Spaß, Freude und Erfolg, während du deine Träume Wirklichkeit werden lässt!

Deine Mara

Literatur

Danielle Laporte: *The Fire Starter Sessions*
Jeff Walker: *Launch*
Matt Lloyd: *Limitless*
Kenneth H. Blanchard & Spencer Johnson: *Der Minuten Manager*
T. Harv Eker: *So denken Millionäre*

Empfehlungen

Danielle Laporte: *www.daniellelaporte.com*
Lisa Nichols: *www.motivatingthemasses.com*
Oprah Winfrey: *www.oprah.com*